中國建築藝術全集

4

古代城鎮

中國美術分類全集

中國建築藝術全集編輯委員會 編

《中國建築藝術全集》編輯委員會

在編寫過程中還得到西北大學張豈之教授、李建超教授、柏明教授，陝西師範大學史念海教授、朱士光教授的指導。李建超教授對本書初稿進行了校閱。

凡例

一　《中國建築藝術全集》共二十四卷，按建築類別、年代和地區編排，力求全面展示中國古代建築藝術的成就。

二　本書為《中國建築藝術全集》第四卷『古代城鎮』。

三　本書圖版共二一八幅，集中展示了中國古代城鎮在總體布局、城鎮重點建築、街市空間及防衛體系等方面的藝術特色和輝煌成就。

四　卷首載有論文《中國古代城鎮建築藝術》，概要論述了中國古代城鎮空間理念、中國古代城鎮歷史時期的階段劃分及其特徵、中國古代城鎮空間的構成特點及其成就、中國古代城鎮空間藝術特質。卷末的圖版說明中對大多數照片做了簡要的說明。

目錄

論　文

圖　版

山西平遥縣城

關中書院

銀岡書院

中國古代城鎮建築藝術

前言

城市作爲物質的巨大載體，它爲人們提供一種生存的空間環境，并在精神上長久地影響著生活在這個環境中的每個人。正如[美]路易斯・芒福德所説：『城市是地理的網織工藝品；是經濟組織制度的過程；是社會行爲的劇場；集中統一體的美的象徵。一方面，它是一般家庭經濟活動的物質基礎；另一方面，它又是重大行爲和表現人類高度文化的戲劇舞臺。城市培育藝術的同時，它本身就是藝術；與創造劇場的同時，本身就是劇場一樣。』因此，整座城市就是一座完整的巨大的藝術品。

中國古代城鎮在世界城市空間藝術中獨樹一幟，在特定的文化土壤中延續發展持久不衰，并不斷完善達到封建制度下城市空間藝術的頂峰，成爲世界文明寶庫中的一朵奇葩。

城市的發展無不得益于社會文化的積澱，經過歷史長河的蕩滌得以進展，富于生氣和活力。城市傳統空間的精華和原則至今仍給我們以啓迪。例如中國古代城鎮中的整體規劃思想、空間邏輯的處理、軸綫的運用、縱深空間的序列層次、園林空間手法及意境展現等等，至今仍具有現實的理論價值。

今天的許多城市的建設大多基于歷史形成的空間構架，因其能正常運作而被廣爲接受和認可，如南京、西安、北京等城市。這無疑對今天的城市規劃設計及城市建築提出了新的課題——即在現代社會文化及生活需求發展當中，如何從與傳統空間的契合點上找出某種可以持續發展的和諧因素。

城市作爲文化載體，從另一方面真實地反映了社會歷史的文化價值。伊里爾・沙里寧這樣説過：『讓我看看你的城市，我就能説出這個城市的居民在文化上追求的是什麼。』

城市的文化傳統是一種環境氛圍，是價值觀、政治、宗教思維模式、情緒狀態、審美意識、文化素質等多方面的綜合體現。城市的傳統不僅是歷史遺留下來的城垣和城鎮建築，還有其內在的文化因素，即文化的民族性和保持性，這是形成民族心理內聚力的基礎，是世代相傳的東西，是傳統的精髓。因此，中國古代城鎮空間藝術的研究旨在發掘其內蘊的文化價值。

中國古代城鎮空間藝術涵蓋了其物化形態，即空間構架、文化框架和社會框架。它反映歷史性城市的全貌及其獨特的、形象豐富的社會文化和精神內涵。物質形態背後的文化傳統和社會框架是傳統中最富魅力的信息因素，這種文化信息因素是城市中最值得保護和發展的東西。

中國古代城鎮從起源到發展、完善以至成熟長達近三千年的歷史長河中，經歷了發展、融合完善、再發展、再融合完善以至升華的一個螺旋上升的連續發展過程。受其文化意識及社會組織結構的影響，呈現出相應的風格和氣質，不僅反映了建築文化發展的歷史規律、城市自身的文化生成和發展演變的態勢，而且包括城鎮空間藝術、文化傳統及社會組織結構等多方面的發展規律。

中國古代城鎮的空間格局、歷史景觀特色、傳統文化的藝術魅力和歷史文化積纍的方式對于解决當前我國城市建築中的『城市特色危機』有著重要意義。而作爲中華民族『龍』的傳人，發揚光大祖輩們的輝煌業績和寶貴遺産也是我們的責任和義務。

一 中國古代城鎮空間理念

中國古代城鎮的起源是隨著中國城邑國家文明的起源而逐漸發展、完善的。作爲一種文化信息的載體，它的産生和發展不僅反映了社會形態的演進，同時它所包含的文化信息不斷地擴大并充實。古代城鎮空間的建設發展體現了社會組織結構、物質形態和精神文化的演進及其特點。

中國古代文明的發展具有延續性、兼容性，呈現爲多元化和多中心性。它的物化形態由聚落到城鎮，因文化發展的個性特徵而呈現出延續發展和維新式演進的態勢。體現在城鎮發展過程當中，空間藝術的發展呈現出獨特的東方文明特質。它所體現出的建築文化特

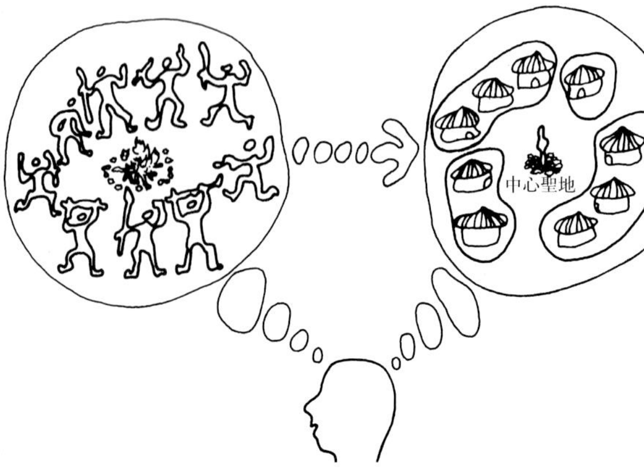

圖一　人類最初的空間理念

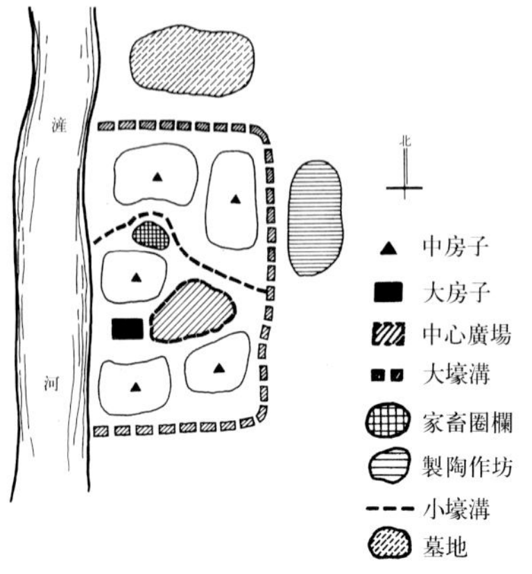

圖二　西安半坡原始聚落空間結構示意圖

徵主要反映在城鎮空間藝術形態、城鎮空間藝術的意境層次和城鎮空間藝術審美的哲義理念三個層面中。在城鎮空間建築藝術中城鎮空間理念涵蓋了以上三個層面，并在城鎮空間藝術的發展演變中不斷得到充實、驗証和發展。

人類在建設城鎮空間時，并非無意識地進行空間堆砌，而是有目的地依據特定的意識進行建設，這個特定的建設意識就是人類前期形成的空間理念及其『原型』。而這些空間理念和『原型』在很大程度上來源于其先輩們所建設的生活空間形態和延傳下來的空間理念。新的城鎮空間一經建成就又成爲以後城鎮空間建設中空間『原型』的來源之一。生活于其中的人們又在不斷地對所處的城鎮空間進行更深入的認識，并將這種認識從表層形態上升到理性的觀念。與此同時人們還不斷地將自己的文化觀念、思想意識等轉化爲空間觀念，并與之融合，從而形成新的空間理念。這種新的空間理念又被應用于更新的城鎮空間規劃與建設中去，形成更新的城鎮空間形態。城鎮的空間形態與理念的發展正是這樣一種由形態——理念——新的形態——新的理念的螺旋上升過程。中國古代城鎮的發展較少受到外來因素的影響，一直是處于這樣一種自我螺旋上升的發展之中。古老的空間形態不斷地被傳承歷史的空間理念所升華，形成了中國城鎮空間文化的歷史積澱。

人類的城鎮空間理念與城鎮空間一樣，它的形成經歷了從無到有的一個連續發展的過程，追溯城鎮空間理念的起源應上溯至更遠的歷史時期。在舊石器時代，人類由于生存、繁衍等因素開始了定居、聚居生活，人類開始逐漸關心起他們的生活空間環境，并開始舉行原始的祭祀活動。這種祭祀時形成的人爲空間場所就是原始人類最早的集聚場所空間的印象，這種印象在原始人的頭腦中經過加工形成了最早的人爲集聚場所空間的理念（圖一）。隨著原始農業的發展，原始人開始建設自己的人工聚居、定居地——原始聚落。此時早已在舊石器時代就已形成的人爲集聚場所空間理念開始發揮其指導作用，構成了原始聚落的空間構架，這樣，新石器時代人類最早的人工聚居空間——原始聚落形成了。母系氏族時期形成的農耕聚落空間理念中除了向心式的空間布局與空間核心觀念之外，又加入了空間組團、空間層級、防禦空間、墓址與環境的觀念。在西安半坡村遺址與臨潼姜寨遺址中可以看到，在農耕聚落的空間理念中，空間組團與空間層級觀念已經形成，并與當時的社會組織結構相一致（圖二）。

隨著人類社會由母系氏族社會進入父系氏族社會，社會的變革深深地影響著人們的空間建設理念。父系氏族的社會組織結構變化也使農耕聚落的空間組織結構產生了變化。父系氏族時期形成的中心聚落空間理念源于母系氏族的農耕聚落，同時又加入了當時的社會

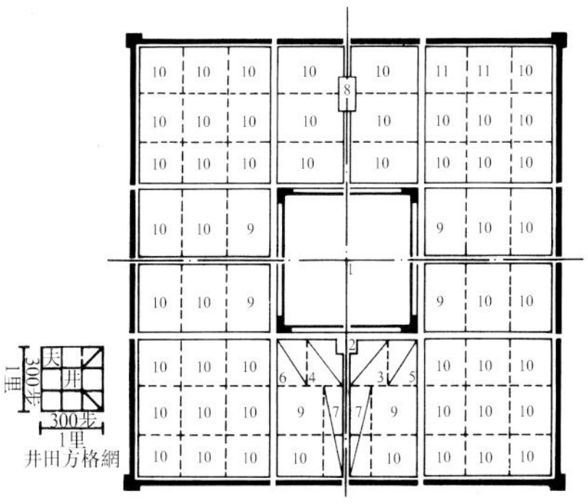

1-宮城; 2-外朝; 3-社稷; 4-宗廟; 5-府庫; 6-廐; 7-官署; 8-市; 9-國宅; 10-閭里; 11-倉廩

圖三-1　禮制王城規劃平面圖

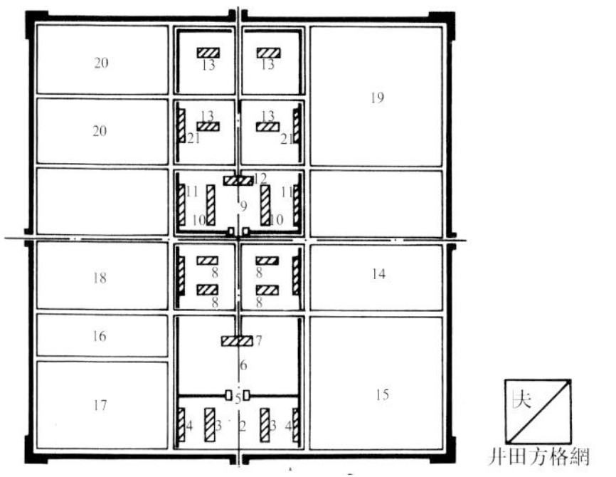

1-應門; 2-治朝; 3-九卿九室; 4-宮正宮伯等官舍; 5-路門; 6-燕朝; 7-路寢; 8-王燕寢; 9-北宮之朝; 10-九嬪九室; 11-女祝女史等官舍; 12-後正寢; 13-後小寢; 14-世子宮; 15-王子宮區; 16-官舍區; 17-府庫區; 18-膳房區; 19-″典婦功″之屬作坊區; 20-″内司服″、″縫人″、及″屨人″之屬作坊區; 21-服飾庫

圖三-2　禮制宮城規劃平面圖

引自《考工記營國制度研究》，賀業鉅著 中國建築工業出版社，一九八五年第一版

構成等級關係的觀念。聚落中心的空間形態被保留了下來，但由于當時的社會變革，它成爲聚落中强盛宗族的聚居地。此時，因家族——宗族關係確定的組團空間形態被繼承，出現了中心聚落與普通聚落。聚落組團中的空間涵義較母系氏族時期有了很大的變化。聚落空間與區域環境的關係及聚落空間的選址觀念依然在發揮作用，由于生産力的提高，這些觀念得到了補充、發展。此時『市』作爲一種新的空間形態也開始在人們的空間理念中形成。

在原始社會末期至奴隸社會初期，隨著城堡的出現，人們的空間理念又有了發展。此時的城邑聚落空間形態來源于其祖先的空間理念，即中心理念。以王權、神權合一的中心空間理念替代了以公共活動爲中心的空間理念，其空間形態突出了統治者的中心地位。高大的夯土牆取代了以前的壕溝，成爲城鎮空間形態的一個重要組成部分，并深深影響著後世的城鎮空間理念。與此同時，歷史傳承下來的神化的空間觀念，成爲一種半迷信的理念。隨著原始文化和宗教的發展，這種空間神化觀念進一步得到加强，形成我國風水觀的開端。奴隸社會中後期，隨著社會分工的日漸擴大，各種手工作坊也被納入到城堡及其周圍，形成了『城』，王權、神權中心更加突出。先周及西周時代以農業爲主的周人占據中原大地，『井田制』的空間組織結構被融入了城鎮空間理念之中，使城鎮空間及建設理念逐漸定形爲一種方形城鎮的模式（圖三）。在這種空間模式之中，周人又將其禮制的等級、層級等觀念融入其中，整個城市以王宮形成構圖中心，『井田』思想演化爲方格式閭里與道路系統，自給自足的封閉思想造就了封閉的城市市場、閭里住區及王宮。這時的空間理念更具特色，這種城鎮建築理念被定型固定下來，寫入典籍《禮》之中，形成了中國古代城鎮建設理念的基石。至春秋戰國時期，這種空間理念得到了極大完善，并且以這種空間理念建設了當時許多城鎮。

『美就是理念的感性顯現』（黑格爾），城鎮空間理念的發展與城鎮空間藝術的發生與發展是同構而整合的過程，與社會組織形態的演進、民族文化心理的發展脉絡一致，尤其受當時起主導作用的社會哲理思想的影響，表現爲城鎮空間形態呈階段性、延續性而一以貫之的發展，并因社會、政治、軍事、經濟和文化等方面的原因而反映出不同的價值取向。

中國古代漢民族的文化心理結構適應以血緣關係爲基礎和以宗法制度爲核心的倫理秩序。隨著社會的演進，理性精神不斷成爲人們的精神需求。在意識形態領域，巫術文化和圖騰崇拜逐漸被注入了理性，并與哲學思想主張的『厚人倫』、『美教化』成爲影響人們

圖三－3　戴震《考工記》王城圖

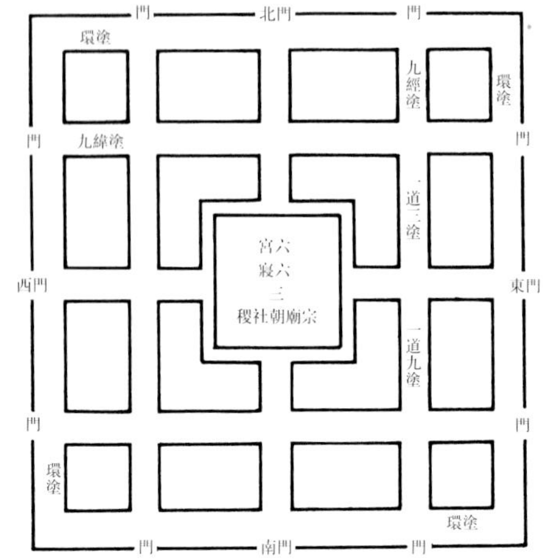

圖三－4　聶崇義《三禮圖》王城圖

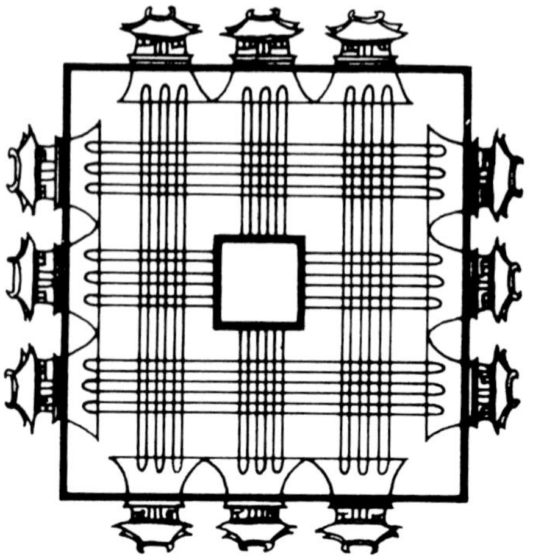

引自《考工記營國制度研究》，賀業鉅著 中國建築工業出版社，一九八五年第一版

社會生活的主要思想潮流；它的影響甚至主宰著藝術審美的價值取向。中國古代城鎮藝術之空間理念涵蓋了城鎮空間形態、城鎮空間藝術和社會哲理觀念三個層面的內涵；它的發展隨此三方面內涵的形成、定型及完善升華，經歷了呈階段性延續發展的演變過程。中國古代城鎮空間理念因其特定的文化環境條件而呈現出東方文化特質，首先表現爲中國的城邑國家文明蘊育發展的軌迹與古代城鎮空間的蘊成發展同步；其次，表現爲中國城邑國家的文明和城鎮空間發展的同構關係；再次，表現爲古代城鎮空間藝術文化内涵的豐富性。如果將城鎮空間劃分爲客觀存在的實體空間和被感知的空間，則中國古代城鎮空間及其理念是這兩方面最好的結合，更能體現一種主觀因素的藝術表現。

二　中國古代城鎮歷史時期的階段劃分及其特徵

中國古代城鎮歷史時期按城鎮空間形態發展的階段分爲：古代城鎮的形成期（原始社會——春秋戰國時期），古代城鎮的定型、成熟時期（秦漢——隋唐），古代城鎮的再發展、多樣化時期（宋遼金——元明清）。

（一）古代城鎮的形成期

中國古代城鎮從起源至蘊成是一個連續的過程，空間形態的發展呈現出階段性特色，經歷了觀念形成時期——城鎮原始形態時期——古代城鎮的蘊成時期三個階段，統稱爲『形成期』。『形成期』歷史時期階段如下：

觀念形成時期——農耕聚落，中心聚落，城邑聚落（母系氏族社會、父系氏族）

城鎮原始形態的出現——城堡（夏、商）

原始城鎮的發展時期——原始城邑（周）

中國古代城鎮的蘊成時期——古代城鎮形成（春秋、戰國）

中國古代城鎮經歷了一個維新式發展變化的過程。在這個過程當中，它在記錄中國文明發展軌迹的同時，猶如一座豐碑展現了中國歷史的畫卷，收藏著民族文化的積澱。中國

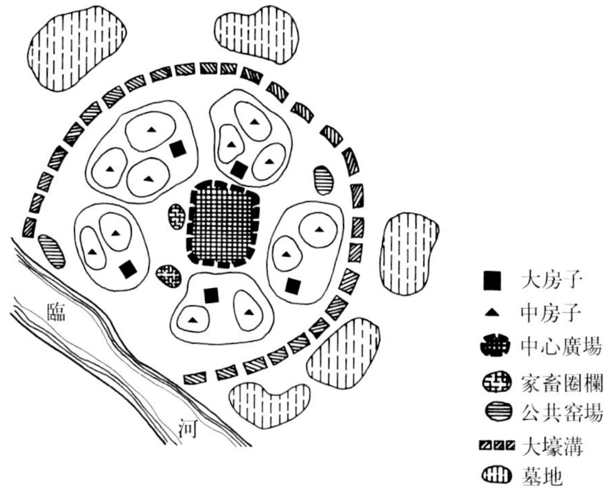

圖五－1　臨潼姜寨原始聚落空間結構示意圖

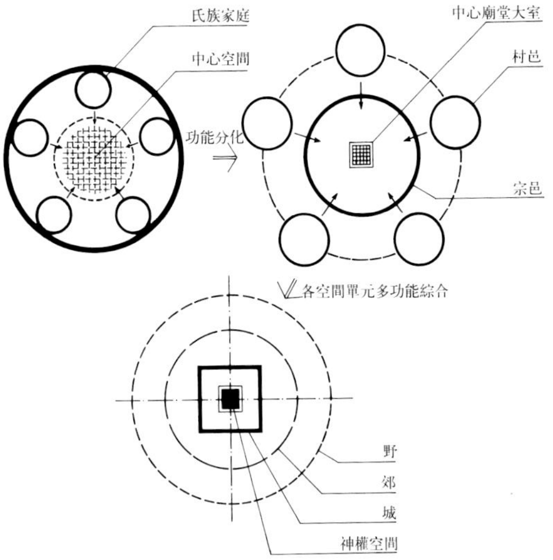

圖四　中國古代聚落的階段性及其空間結構模式

複雜的地理環境決定了它的史前文明與古典文明的多樣性和各地文化發展的不平衡性，形成了各區域不同的文化系統。同時中國史前各系統文化的交互作用，使得黃河、長江兩大流域的諸文化呈現出同步發展的趨勢，并形成了中國文明起源的邦國林立的多中心格局，它適應于中國自然環境對文化發展的制約規律。可以認爲，由于中國文明發展過程中由多元分散導向多元一體化格局的過程，以及中國古代文明一以貫之的發展決定了中國古代城鎮豐富的文化內蘊。以中原地區爲中心的中國文明導向多元一體化格局，大體從夏王朝開始。中國文明形成後的古典時期，夏商周時代的文明體制發展的持續性及其特徵爲：宗室與宮室并重，君權和神權統一。它爲西周以後『禮制』和『德化』的興起奠定了基礎，族權、軍權、神權歸統于王權，形成中國封建帝國數千年的王權統治格局。

城市規劃建設在周代就以政治制度的形式固定下來而成爲後世尊崇的『法典』，并在整個城鎮空間藝術發展過程中經歷了一個漫長的歷史發展時期。中國古代城鎮空間藝術在這樣的文化土壤中，在這樣的歷史環境中，在映射中國文明歷史的同時，體現出空間藝術的東方特質及其文化淵源，尤以對中國文化維新式發展特徵的映射而體現出深厚的文化積澱。中國文明由于其獨特的地理條件而得到了獨立而持久的發展，反映在其物化形態——城鎮中，則體現出一種空間藝術的完善、成熟和最具特色的魅力。

1　觀念形成時期

中國古代城鎮由聚落發展而來，其獨立發展的持久性表現在它與中國城邑國家文明蘊育軌迹之同步發展以及聚落形態持久而延續的演進過程中。中國城邑國家文明形成于公元前三〇〇〇年至公元前二〇〇〇年，其孕育發展的歷程體現在聚落上，經歷了三個連續而遞進的階段（圖四）：

（1）農耕聚落時期（約公元前七一〇〇年至公元前四〇〇〇年）

其形態是圓形向心布局方式，反映了內聚平等的聚落特徵。圓形空間具有很强的防禦功能，可認爲是空間理念的初期表現形態。距今七〇〇〇年至六〇〇〇年前保存較好并經過大規模挖掘的陝西西安半坡、臨潼姜寨、寶 北首嶺、甘肅秦安大地灣遺址等均反映了這種空間性質。

姜寨(圖五)的大型房子爲氏族公房，中型房子爲家族長的住房。若干小型房子結合一座中型房子組成一個家庭，若干家庭圍繞一座大型房子構成一個氏族，五個這樣的氏族構成聚落綜合體，其社會結構爲：小家庭——大家庭——氏族（聚落共同體）。向心布局所圍

圖五－2　臨潼姜寨遺址氏族村落平面圖

引自《中國古代都城制度史研究》，楊寬著，上海古籍出版社

合成的中心空間構成了公共活動場所空間，是人們進行集體勞動和祭祀及巫術禮儀的場所，因而具有神聖性，同時反映了遠古人的宇宙觀念。在聚落外因軍事需要而設的壕溝使聚落顯示出極强的內聚性。另外，在通往公共墓地的道路上，聚落的壕溝特意留有通口和寨門，説明與墓地的往來是經常和親切的，反映出中國人的祖先崇拜和鬼神崇拜的觀念源遠流長。

（2）中心聚落時期（約公元前三五〇〇年至公元前三〇〇〇年）

中心聚落或稱宗邑聚落，它的社會組織結構爲：家庭——家族——宗族——聚落共同體。

家族——宗族是我國古代社會中重要的組織結構，是中國古代社會中帶有特徵的東西。所謂宗族，就是由同一祖宗發展而來的若干近親家族的聯合結構，其中每個家族是獨立的，相互之間又是聯係的。由于宗族是由家庭發展而來的，血緣親族關係較氏族更密切，其特徵是有明確而實際存在的共同始祖和宗氏譜系。宗族結構長期發展導致『主支』與『分支』、上級宗族與下級宗族之類的等級結構關係。

在我國古代有其特定的祭祀和宗廟，于是就有上級宗族的祖廟同時又是下級宗族的遠祖廟的格局。祖廟的所在地，在周代被稱爲『宗邑』，又名『都』，是宗教的統治中心。《左傳》襄公十二年説：『同姓于宗廟，同宗于祖廟，同祖于禰廟』。莊公二十八年講到卿大夫普通的邑與都的區別時曾明確説：『凡邑有先君宗廟之主曰都，無曰邑。邑曰築，都曰城』。在宗邑周圍那些貧弱的普通聚落作爲一般的居民點稱爲村邑，它們在政治上、軍事上、宗教上乃至經濟上從屬于原始宗邑。

大地灣遺址（圖六）構成了一個以某一强大宗族爲中心的衆多同姓和同盟宗族聚集的宗邑所在地。由于中心聚落即原始宗邑的出現，使得普通聚落即村邑改變了向心封閉式的布局。以前在單個聚落內所設立的中心廣場的功能和作用已被中心聚落內的大室廟堂及廣場所取代。

大地灣遺址九〇一大房子，前有殿堂，後有居室，左右有廂房，顯然是後世『前堂後室、前朝後寢、左右』房之類廟堂建築的濫觴。從其規模、尊卑等級、宗教色彩上看，它和後世作爲國家行政、册命等祭政合一的『大室』、『明堂』的作用一致。而以九〇一廟堂大室爲中心形成的廣場，是舉行重大集體活動的神聖空間，可以看作農耕聚落中心空間的進一步發展。

（3）城邑聚落時期（約公元前三〇〇〇年至公元前二〇〇〇年）

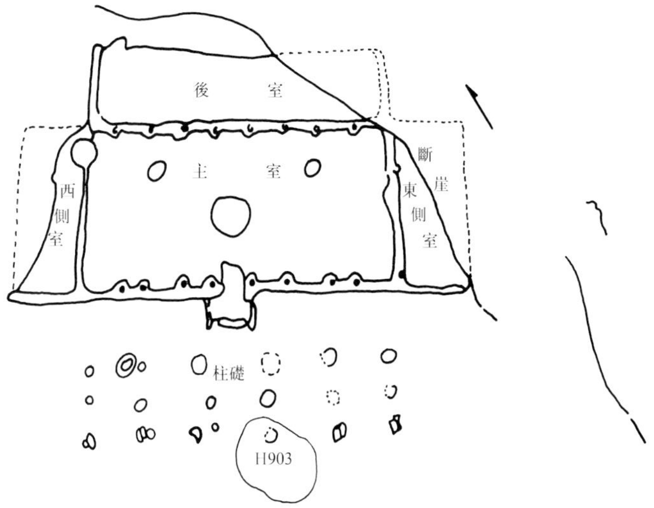

圖六　大地灣遺址九〇一室
引自《中國古代文明史比較研究》，王震中著，陝西科技出版社

城邑聚落形成于龍山時代，亦即傳説中的夏王朝前的顓頊、堯、舜、禹時代。城邑出現是以城邑爲都邑，結合周圍村落社區而形成都邑國家。城邑是由原始宗邑發展起來的，都邑與周圍同時存在的普通聚落形成主導與從屬關係，并已基本形成成熟的城鎮空間結構。龍山時期新的布局形式主要是排房的出現——若干小型住宅排列成行，門向基本一致。這是一種新的聚簇居住形式，即由防禦型轉向經濟實用型的空間模式。例如：臨潼康家聚落是由若干宗族統一建成有共同聚落中心對外相對獨立的較大規模的共同體，其中心區是一處建有房屋建築群的廣場。此時，父系家族實爲父權家族。龍山時代的城邑文明體現了中國古代政教合一傳統。這是神權政治的基本要求，也是城鎮空間形態的基本的特徵。龍山時期城邑與普通聚落的從屬關係一直延續到春秋時期卿大夫所支配的領地中。

2　城鎮原始形態的出現——城堡時期（夏、商）

人類聚居形態由最初的原始聚落農耕聚落——中心聚落（宗邑聚落）——城邑聚落，經歷了一個逐漸演化而連續發展的過程，與此相似，城鎮空間理念及其形態也經歷了一個由幼稚到成型的過程。從某種程度上説，這是城鎮空間原形形態的蘊成期。中國古代城鎮空間理念由蘊育發展到蘊成，經歷了漫長而又獨立的發展過程，在其後的城市的發展中這種獨立性得到了加强，空間理念的發展也由初期的發展逐漸定型、成熟以至完善、升華。

在原始社會末期，奴隸社會初期，形成了一種新的人工建築群體空間。這時的人工空間不再是村落型的原始聚落或聚落團，而是以城堡爲中心的原始城鎮空間。其中最具代表性的是河南淮陽平糧臺遺址和河南登封王城崗遺址。這時的城堡均有夯築的城墻，城牆圍繞的城堡中發現有夯土、建築基址以及貯存用的窖穴及陶排水管，在建築基址附近還有用人來奠基的痕迹。這些城堡建成時期約在公元前二一〇〇年，此時正值傳説中的禹、啓時代，禹、啓是帝王、上蒼一體的化身，其城堡也就成了地域中權力和信仰的中心。高大的城牆守衛著天子——上蒼化身的統治者，城中心夯土臺上的建築代表了天子的中心地位。

從城邑聚落發展成爲城堡的同時，從屬聚落逐漸轉變爲從屬于城堡的農、牧業居民點，其地位遠低于中心城堡，空間建設更無法同日而語。這種差別隨著城堡的日益發展而擴大，城鄉的差別自此漸漸顯露出來。

公元前十六世紀，商滅夏，建立起一個空前强大統一的奴隸制帝國。最初的城堡也發展成爲規模巨大、内容龐雜、區域地位更加重要的城。這一時期城的規模巨大，如現存的偃師商城、鄭州商城、安陽殷墟等的空間規模都比早期的城堡大出上百倍。同時城中所含

内容也更龐雜，除了宮殿、廟宇還有大量的居住、手工作坊及墓地。從城中遺址的分布來看，整個城的空間結構如同一個同心圓。圓心是宮殿區，圍繞宮殿區還建有高大的城牆或大壕溝來保護其安全，形成了『宮城』。圍繞『宮城』的是以宗族爲單位形成的居邑，城中各居邑之間有較大的距離，供農業生產之用。手工作坊分布于城的外圍。從這些看來，商代的城也反映了中國農耕民族以農爲本的特點。城鎮的總體空間結構鬆散，用地範圍很大。除了『宮城』有較高的建築密度外，居邑和手工作坊仍保留了原始社會末期呈點狀分布的特點，從空間形態上看它更像一個巨大的奴隸制莊園。

中國神權統治性質的國家統治實際上是虞、夏、商三代。到周代則體現的是君權、族權和神權三位一體的形式特徵。

3 原始城鎮發展時期——原始城邑時期（周）

大約在公元前十一世紀殷商王朝被來自西部的周族部落滅亡，周族在中原建立了類似城邦國家的周王朝。隨著宗法分封的實行，受封的各諸侯紛紛建立了自己的城邦，于是形成周代開國時的第一次城鎮建設高潮。在這次城鎮建設高潮中，殷商時代的城鎮空間形態被一種新的城鎮空間形態所取代，這種新的空間形態就是衆所周知的『營國制度』。

按『營國制度』整個城爲正方形，如井田中阡陌般的道路將其規整地劃分，從空間形態上來看，整個城鎮就如同一個規模龐大的井田。城內宮城居中，其位置有如井田中的公田。居住閭里分布于其四周，如同圍繞公田的八塊田地。井田中劃分田地的阡陌在城中轉化爲『九經九緯』的城鎮道路系統。人們想像將城鎮當成一塊精心經營的田地，不同的是，在井田中經營的是莊稼，而在城鎮中經營的則是其居住生活的空間系統，這正是中國農耕文化在城鎮空間建設上的反映。周朝時期形成的『禮』的等級觀念也反映在城鎮的建設之中，城按等級分爲王城，諸侯城及宗室卿大夫采邑『都』三個等級。其中諸侯城和『都』按爵位地位其空間規模也有區別。『井田制』的制度反映在城鎮的社會組織中，形成了閭里制的居住組織結構。這時的居住閭里已不再以血緣關係爲基礎，而是以生產和社會生活的基本組織單位構成。

4 古代城鎮的蘊成時期——古代城鎮時期（春秋、戰國）

春秋戰國時期，隨著生產力與社會的發展，城鎮也有了質的飛躍。形成了中國歷史上第二次城鎮建設高潮，這一時期城鎮數量激增，城鎮規模也不斷擴大，代表性的城鎮有齊

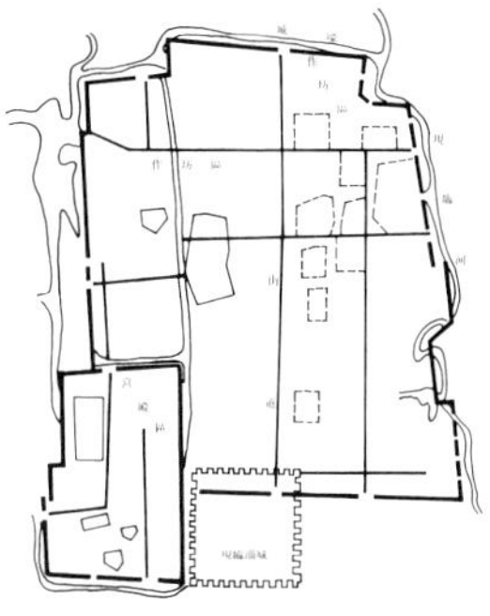

圖七　齊臨淄城

引自《城市建設史》，同濟大學編，中國建築工業出版社，一九八七年版

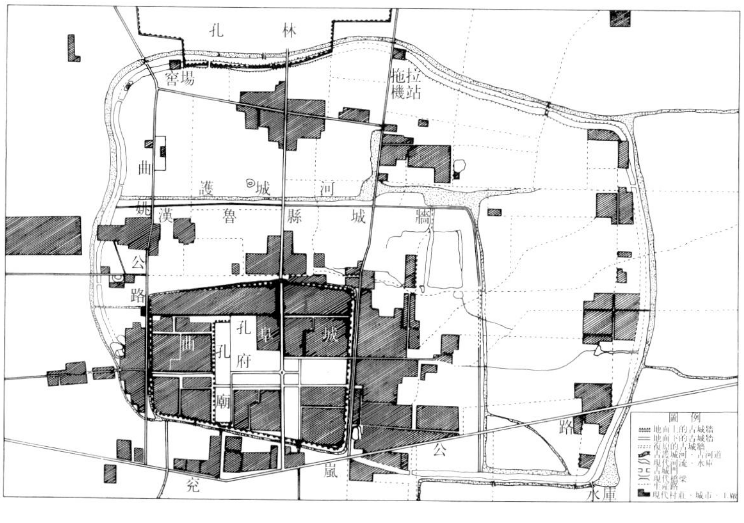

圖八　魯國故城

引自《中國建築技術史》，中國科學院自然科學史研究所主編，科學出版社，一九九〇年版

臨淄（圖七）、趙邯鄲、燕下都、楚郢都及薛國故城、魯國故城等（圖八）。城鎮空間形態相對西周時期更爲靈活多變，空間組織及其他方面也有許多變化。但總體來説城鎮空間建設基本繼承了西周先祖的空間理念。

在春秋戰國時期，西周時所形成的『井田』式空間組織形態得到了廣泛繼承。城鎮中方格網式的道路交通系統和閭里空間構成居住區的空間組織方式成爲一般城鎮的空間組織模式。

春秋戰國時期，水利、水運得到了長足的發展，許多城鎮中都有開鑿的運河或天然河流，這樣大大增加了城鎮與外部區域環境的物資及交通聯係，同時又成爲城鎮給排水的渠道，許多城鎮還將其作爲王城的城壕。河流及運河引入城鎮後，道路不再是唯一的交通聯係手段，河流、運河等水上運輸更爲有效。河流在作爲城的安全屏障的同時又成了城與外界聯係的一條動脉，是城鎮聯係都城與周圍區域，以至全國的物資交通的渠道。

（二）古代城鎮形態的定型、成熟時期

中國古代城鎮發展定型、成熟時期——秦漢至隋唐，歷一千一百年，正值中國封建社會從發展初期走向繁榮鼎盛的階段。這個階段中社會從連續戰爭、群雄割據的動亂時期走向社會統一和穩定發展，由小國形成大國的時期。自秦始皇統一中國，建立了中國歷史上第一個中央集權制國家，就開始大規模的城鎮建設活動。經濟發展繁榮，技術進步，形成新的城鎮建設高潮。爲適應社會的發展，城鎮建設由單一功能向多功能整體發展，基本是『覽秦制，跨周法』[二]。秦漢至隋唐時期，中國古典美學藝術大大發展，并逐步成熟，促進了中國古代城鎮空間藝術從形成階段向成熟階段的發展，并在發展過程中處處顯示了東方藝術的魅力，營造了秦咸陽（圖九）、漢長安（圖一〇）、魏鄴城（圖一一）、北魏洛陽城、唐長安（圖一三）、高昌城等舉世矚目的優秀城鎮。

1　秦漢時期城鎮特徵（公元前二二一年至公元二二〇年）

公元前二二一年，秦結束了長期的戰爭分割局面，建立了我國歷史上第一個多民族的封建專制中央集權國家。各國都城雖經戰爭破壞，但這些城鎮仍爲該地區的政治統治中心。城鎮的政治、經濟功能進一步得到發展，并出現了新的城鎮，如：雲陽（今江蘇丹

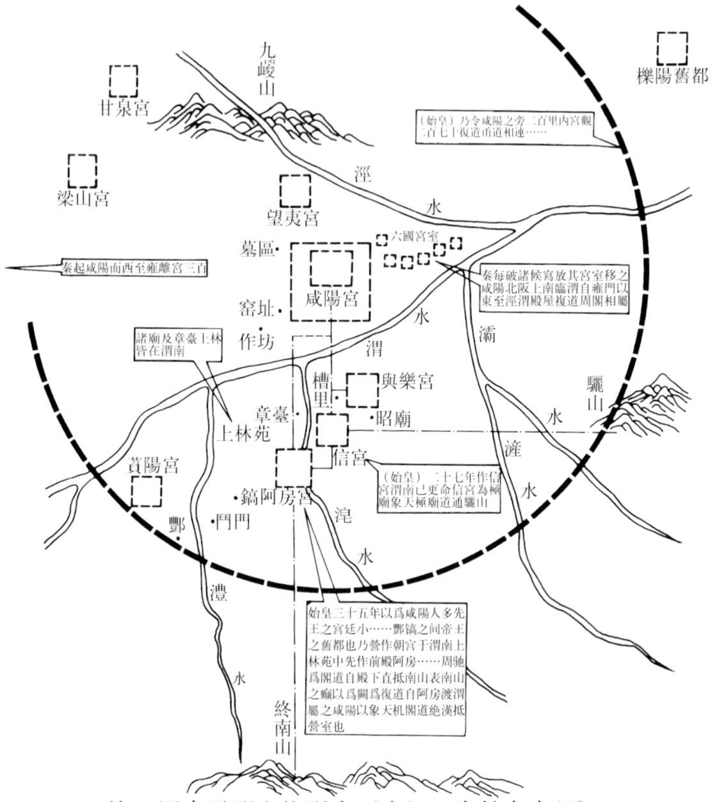

注：圖中説明文均引自《史記·秦始皇本紀》

圖九　秦咸陽

引自《建築歷史研究》，賀業鉅等著，中國建築工業出版社，一九九二年版

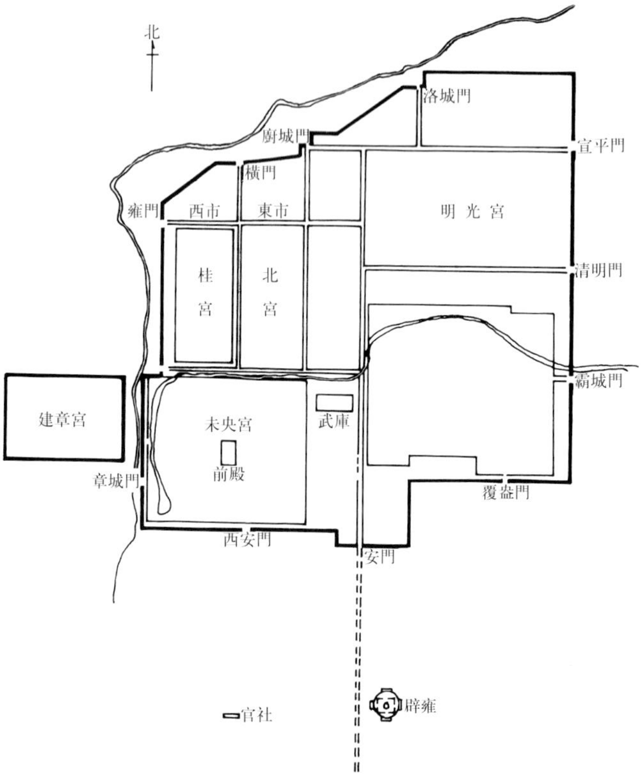

圖一〇　西漢長安

引自《建築歷史研究》，賀業鉅等著，中國建築工業出版社，一九九二年版

陽）、琅琊（今山東膠南）；海上貿易中心如：芝罘（今山東烟臺北）、會稽（浙江紹興）等。另外，『秦全國分爲三十六郡，郡下轄縣，使縣城數目陡增，估計有八百多個』[二]，主要分布在黃河中下游和江淮地區。

秦之後，經歷長期戰爭，經濟遭破壞，人口減少很多。西漢時期逐漸恢復，曾出現了歷史上著名的『文景之治』。城鎮得到普遍發展，創立了大城鎮，成爲中國古代城鎮建設發展自周代以來的第三個高潮，并出現許多商業都會，如『燕之涿、薊，趙之邯鄲，魏之温，韓之滎陽，齊之臨淄，楚之宛丘，鄭之陽翟，三川之二周，富冠海內，皆天下名都也』[三]。城鎮仍以政權統治爲重要功能，城鎮形態結構仍呈現爲權力中心模式。

秦漢時期，中國古代社會完成了從奴隸社會向封建社會的變革，社會形態發生巨大轉變，由分散獨立的城邦國家，發展成爲統一的封建大國，這種社會政治生活的改變，促使城鎮由原來單一分散獨立和局部封閉的小地域中心的性質發生轉變，形成爲集中統一、含多層次結構的系統網絡，逐步具有全國和大地區中心性質。其次是經濟生活的演進，由低

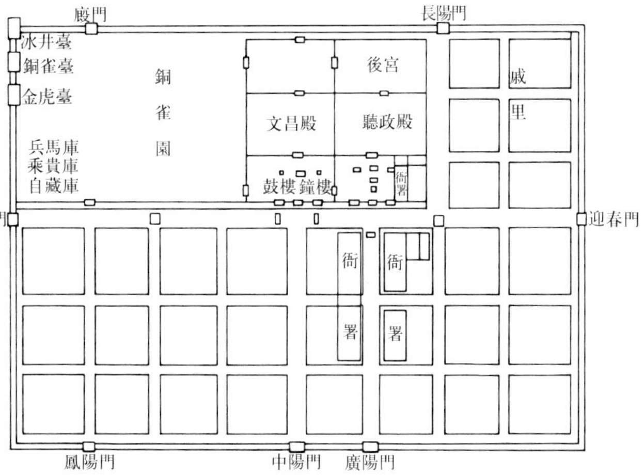

圖一一　曹魏都城鄴城

引自《中國古代建築史》劉敦禎著，中國建築工業出版社，一九八〇年版

水平的農業生產爲主的社會經濟生活，向高水平的農業生產和大中型手工業生產和流通服務業發達的區域性社會經濟生活轉變。此時社會生活的其他方面如：從奴隸社會轉變爲封建血緣宗族社會，社會階層結構的演變，參與社會公共生活的平民階層擴大及社會生活方式的進步等社會生活的改變，促成了城鎮的空間形態結構的變化。爲了適應大一統的封建社會統治秩序，封建社會開始尋求一種適應社會發展的城鎮空間形態結構，進入尋求大中型城鎮（中心城鎮）建設模式時期。以秦咸陽爲例在城鎮空間總體上是典型的以廣大京畿——內史[四]爲背景來布局，創立了京城區域結構體制，形成了以城鎮爲中心的小城鎮群集體的核心結構，如秦咸陽和西漢長安（圖九、圖一〇），奠定了大城鎮空間建設模式的基礎。秦咸陽反映了當時封建社會意識形態。在城鎮社會生活組織秩序方面，作爲城鎮經濟建設活動的經濟中心，城鎮的政治中心與經濟中心地位開始確立。城鎮空間結構明顯地表現出一種以權力中心結構爲主導的格局，并具有伴隨城鎮建設的動態發展的布局特色。在城鎮空間形態上打破了井田制觀念，因地制宜，因勢利導，形成非『擇中立宮』『左祖右社』格局，與傳統格局有所不同，反映了城鎮建設强烈的自然觀及不拘傳統的革新觀念。

2　魏晋南北朝時期城鎮特徵（公元二二〇年至公元五八一年）

魏晋南北朝的三百餘年是中國歷史上一次政治上大分裂、戰爭頻繁不斷的時代，同時又是落後民族吸收中原先進文化，南北文化大交流的時代，是中國古代城鎮格局開始改變和逐步發展時期。從三國至南北朝戰爭頻繁，人口大量減少，交通阻塞，商業城鎮在戰爭中受到破壞。但由于改朝換代，有破有立，變革也多。在個別地區的特定條件下，也出現了曹魏都城鄴城這樣的杰出城鎮（圖一一）。由于中原混亂，民族大量南遷，在南方形成一次中華民族的大遷移、大融合。江淮流域及閩粵一帶經濟得到發展，結合當地優越的自然條件，迅速地成爲中國當時的經濟文化中心。城鎮得到迅速發展，如：政治、軍事、文化中心的建康城（圖一二），大城鎮杭州、廣陵（揚州）、明州（寧波）等。少數民族地區也吸取漢族在城鎮建設上的經驗，建造了一些大城鎮，如：元魏平城（山西大同）、匈奴赫連勃勃的統萬城（陝西靖邊）等。東漢已傳入中國的佛教，被當時的統治者利用，流傳很廣，大量寺院的興建和造像的盛行，對城鎮建設産生一定影響。魏晋南北朝是我國封建統治秩序逐步加强，中國古代文化藝術飛速發展的階段。

魏晋南北朝時期城鎮建築藝術仍以反映封建社會禮制秩序爲前提，更多的在城鎮空間建設中以人爲主體，追求一種心理及精神感受。在物美、形美、理美的基礎上，縱情于山

水，尋求一種情美和神韻之美，將城鎮空間物質形態與內在韵理結合，使其氣勢生動，風格鮮明，臻于超凡脱俗，風韵無窮之境，尋求城鎮空間藝術意象之底蘊。魏晉南北朝不僅是中國古代城鎮空間藝術的重要發展階段，也是其逐步定型階段。此階段不論是從美學藝術角度，還是從城鎮空間藝術和形成獨特的東方藝術特徵上，都是一個承前啓後階段，有著深遠的影響。

作爲上層建築和經濟基礎相結合的城鎮建設，以魏鄴城（圖一一）、北魏洛陽爲代表的魏晉南北朝的城鎮，直接爲隋唐的長安城和洛陽城的空間建設提供了藍本，奠定了以後城鎮空間藝術發展的基礎。此時期的城鎮空間建設較全面地實行禮制格局，顯示了以功能爲主導的城鎮空間布局。首先，空間組織結構上突出權力中心，區劃分明，而且繼承了城鎮的分區及宮城與外城的分區布局，宮城與坊里嚴格區劃。反映了禮制社會生活嚴密的空間組織秩序及嚴謹的布局邏輯，不像秦漢時期城鎮中宮城與坊里相容或相圍。其次，城鎮空間布局上道路嚴整、正對城門，主幹軸丁字交于宮前，把中軸對稱布局的手法從一般的建築群擴及整個城鎮空間，把構成軸綫的建築物集中成綫型空間，形成景觀序列，豐富了城鎮空間景觀藝術。第三，此時的城鎮在建設規模上擴大，加强了秦漢時『小城鎮群集體』的整體性，城鎮的內在生存機制完善，并加强了集中管理，突出了城市的雙重職能。較爲突出的是北魏洛陽城開創了從小城鎮群集組合方式發展成大城鎮空間整體有機構架的雛型，是當時世界上規模最大的都城，也是奠定我國封建社會中期城鎮空間藝術的重要範例。它具體地提出并實踐了由秦漢時期向隋唐鼎盛時期過渡的承前啓後的封建城鎮空間建設的方法和制度，影響了以後整個封建社會的都城空間建設。

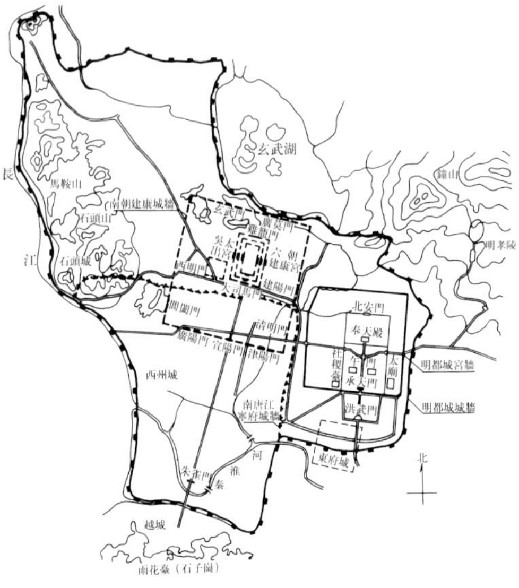

圖一二　南朝都城建康總圖

引自《中國城市建築史》，同濟大學編著，中國建築工業出版社，一九八二年版

3　隋唐時期城鎮特徵（公元五八一年至公元九〇七年）

隋唐結束了三百多年分裂混亂局面以後建立了統一王朝。爲鞏固統治，采取了恢復和發展經濟的措施，促進了農業、手工業和商業的發展，穩定了社會秩序，曾出現了『貞觀之治』和『開元盛世』。商業發達，各民族接觸密切，中外文化、經濟交流頻繁，創造了輝煌燦爛的文化藝術。唐王朝發展隆盛，成爲當時世界上最强大、最富庶、最具高度文明的大國。中國古代城鎮建設在隋唐時期進入一個雲蒸霞蔚階段，建立了長安（圖一三）、洛陽（圖一四）這樣影響深遠的大城鎮。

此時期，封建社會的經濟重心逐漸向江淮流域轉移，隋唐的軍事政治中心仍在關中，出現政治中心與經濟重心分離的情況，社會組織結構發生變化。隋修通運河溝通兩個地

區，促進國内商業的流通。沿運河的一些城鎮發展成爲封建帝國的經濟命脉，形成『淮、揚、蘇、杭』四大都市。同時，黄河與汴河交匯處的汴州（今開封）、睢陽（今商丘）、泗州等地也有發展。唐代通往西域『絲綢之路』的國際交通更加暢通，使這一帶的城鎮繁榮起來。當時陸上交通和海上交通都很發達，廣州、揚州及楚州（淮安）等城鎮成爲當時的重要港口和貿易城鎮，連通西亞。唐末，泉州也成爲重要的港口城市，内地城鎮亦得到發展，如太原、益州（成都）、宣化等繁榮可鑒。同時少數民族地區的生産技術及經濟也有所提高和發展，建設了一些城鎮，如：渤海國上京龍泉府，其布局與長安城相似。全國出現城鎮建設高潮，據《中國城市手册》載：隋唐城鎮總數達到一千個以上，其中大城鎮有七十多個。城鎮空間建設形態從基本定型走向成熟。

隋唐是我國封建社會鼎盛時期，又是我國古代藝術發展的高潮時期，不僅對後世藝術

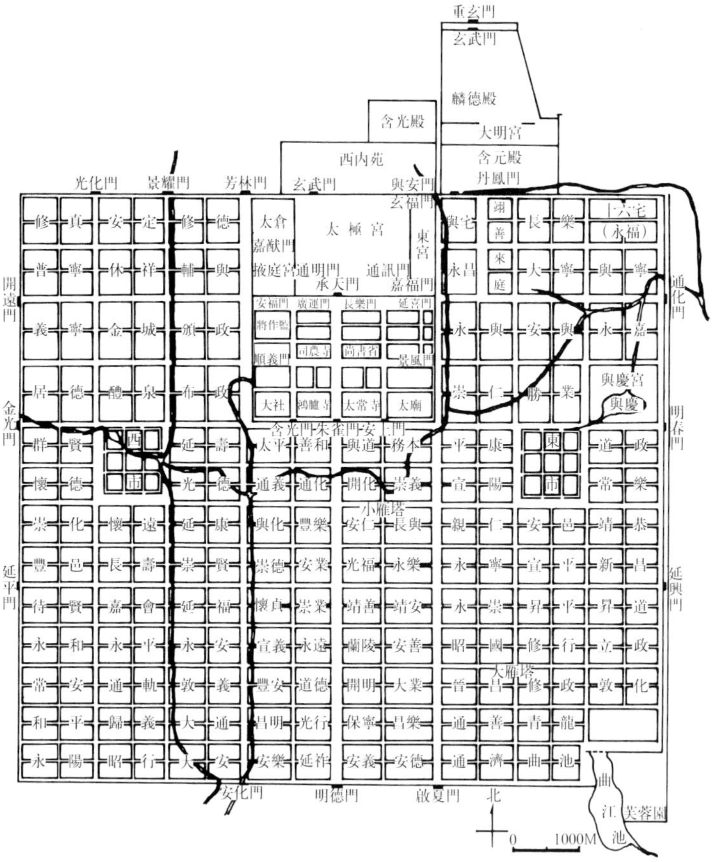

圖一三 唐長安（陜西西安）復原想像圖

引自《中國城市建設史》，同濟大學編著，中國建築工業出版社，一九八二年版

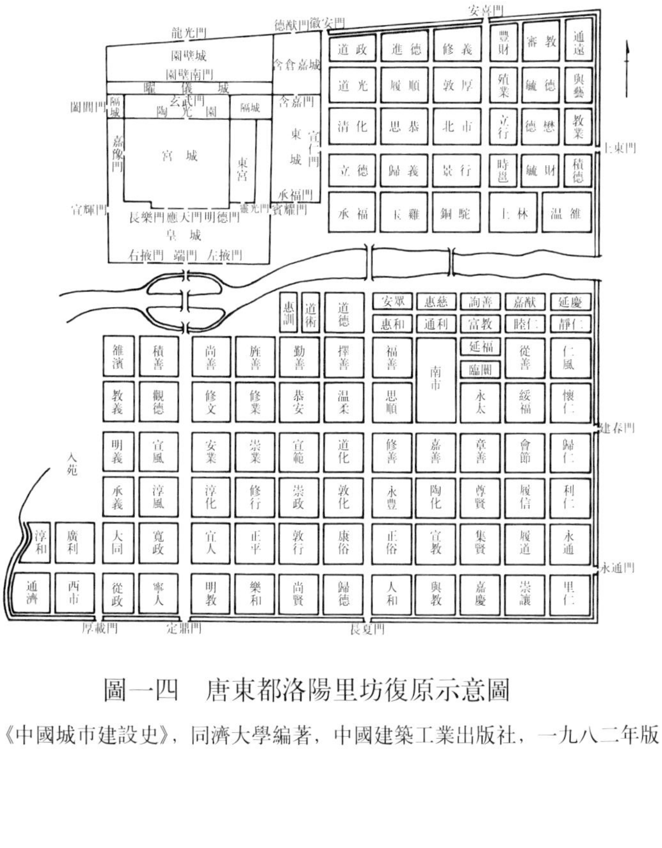

圖一四 唐東都洛陽里坊復原示意圖

引自《中國城市建設史》，同濟大學編著，中國建築工業出版社，一九八二年版

發展產生深遠影響，而且在世界藝術中也展示了燦爛的輝煌。隋唐是中國古代審美認識思想普遍繁榮發展和深入變化的時期。在城鎮空間建設上，是城鎮空間藝術發展過程走向成熟的階段，展示了城鎮空間意象的深層意蘊，對後代城鎮建築藝術有廣泛影響。在世界城鎮建築藝術史中，顯示了其獨特的東方魅力，發展了雄渾的中華文化。

縱觀隋唐時期城鎮空間形態，可以看到它是封建社會鼎盛時期，全面實施禮制與因地制宜相結合的產物。首先，表現在城鎮空間結構上，社會生活組織秩序以突出統治者權力中心爲主，而且越來越得到强化；其次，經濟建設十分活躍，已確立了明確的經濟生活中心，顯示了城鎮空間由權力中心突出到權力中心與經濟中心并存，并產生權力中心結構向經濟中心結構轉變的趨勢。禮制城鎮空間建設制度已很成熟，出現了定型化的形態。城鎮發展規模繼續向宏偉龐大發展，空間整體性加强，并得到完善。雖然一座座坊里整齊排列，缺乏有機組織，但仍可標志著大城鎮空間建設已經完善。隋唐時期的城鎮空間建設顯示了一種勇往直前，兼收并蓄的氣魄。這種精神是一種國力達到甚爲旺盛時期纔有的表現，是其他時代難以與其相比擬的。其影響深遠廣泛，國內大小城鎮和鄰近國家的城鎮建設，都從此汲取了寶貴經驗。

成熟時期的城鎮空間形態結構特徵表現爲：

第一，發展的持續性。中國古代城鎮空間從起源，經歷了固定聚居點的形成——氏族原始聚落團——『城』的形成——城鎮空間形態完善——城鎮空間發展成熟等幾個階段，一直是一個自我生成、自我發展的過程，形成了一種持續性。中國古代城鎮的空間形態因其獨特的地理環境形成的隔絶機制，使其文化一以貫之的發展，較少受到外來文化思想的影響。秦漢至隋唐城鎮發展成熟時期，城鎮空間有了較大發展變化，而且與東亞、中西亞文化有一定交流，但中國古代文化藝術并沒有被异化，而是兼收并蓄，形成的東方文化成爲城鎮空間形態特色的根基。城鎮空間形態表現出長時間發展的延續性，新的城鎮空間的產生很大程度上是對舊的城鎮空間形態的繼承和發揚。在新城鎮中總可以找到許多上一代城鎮的空間形態，而較少受外來影響，表現出獨立持續發展的特色，并形成不同于西方的城鎮藝術，爲中國傳統城鎮空間文化打下了堅實的基礎。

第二，主宰自然與順應自然的并重。中國古代城鎮在持續發展的同時，形成了具有農耕文化特色的城鎮空間形態。從起源發展初期的中國古代城鎮空間建設就一直處于順應自然、改造自然及追求理想人工空間環境的矛盾中。這一特點也正是中國農耕文化思想觀念影響的結果。直至城鎮成熟時期，社會生活組織次序發生了很大變化，城鎮人口增多，規

模擴大，階層複雜，城鎮空間建設更富于理性特徵。爲使城鎮更好地適應于封建統治，在城址選擇上考慮有利于統治，在城鎮建設時規劃思想觀念爲方正規則。但在實際建設中，城鎮空間常因河流走勢等原因，順勢曲折，順應自然地形變化，空間結構上也常順自然地形有所改變。如西漢長安及建康城，體現了城鎮發展順應自然的同時，又强調空間總體布局規劃的特色。這種理念貫徹始終，成爲中國古代城鎮空間形態的一大特色。

第三，以統治權力中心爲空間組織核心的城鎮空間形態結構。中國古代城鎮從起源發展至成熟時，作爲統治權力中心的城鎮，其統治者生活的地方就是城鎮空間組織核心所在，而其他諸如平民居住的里坊及商業市場等完全處于從屬地位，反映了當時的社會生活組織次序。爲了突出權力中心，在選址上處于全城最有利之處；在構圖上處于中心位置；在建設上體量規模及建築質量超過其他建築。早期城鎮用高大夯土臺突出權力中心建築，并將權力中心作爲城鎮中軸綫中心等。成熟時期，逐漸發展爲『面南背北』之勢。以宮城空間爲主導地位的城鎮空間結構，就是一種權力中心城鎮空間結構，而且在城鎮發展成熟過程中越來越重要。城鎮空間所呈現的嚴格區劃及嚴密的以坊里來劃分空間的層級空間形態，也是圍繞權力統治中心向外層層擴展的，形成一個由中心向外，權力逐漸削弱的組織次序。至今，許多城鎮居住區中還使用層級的空間結構組織，但無論從意義上或從空間層級形態上都已有很大的變化。隨著社會經濟文化的發展，城鎮的主要職能逐步由單一政治中心向政治、經濟、文化生活多中心轉變。但直到唐代，城鎮空間形態仍以權力中心爲空間重心，權力中心在城鎮空間結構上一直占主導地位。

第四，古代城鎮定型成熟期城鎮空間形態的農業經濟社會生活組織基本秩序。中國古代城鎮發展成熟時期空間形態表現爲時空發展的持續性。中國古代經濟是封建自給自足的農業經濟，由此，其城鎮空間形態呈現了封閉的形態。商業交往雖然在一定時期很發達，而且與國外也有交流，但城鎮空間形態始終反映了濃鬱的農耕文化的特色。真到晚唐，這種農耕文化成分纔逐漸减弱，城鎮空間形態仍趨向于自我封閉，都是爲了維持這種經濟模式，保護城鎮的安全。《墨子·七患》中『城者，所以自守也』，也正是這樣一種封閉的城鎮空間觀念。每個城鎮外圍有城垣城門，宮城有宮垣宮門，坊里有坊垣坊門，市場有市垣市門。雖然城鎮在區域空間環境中由自我封閉向開放空間體系轉變，但其本身仍是一個封閉的空間系統。城鎮空間中的各個組成部分也都是一個個相對封閉的空間子系統，而且封閉的特性越來越强烈，無處不體現封建鼎盛時期嚴格的禮制秩序及其社會意識形態、哲理觀念及組織結構秩序。這種空間形態和觀念形成一種傳統，一直影響到今日的城鎮空間

建設。城鎮成熟時期空間形態的農業經濟社會生活組織基本秩序的發展，在各個時代雖有緩有急，但總的説來是逐漸發展的，而不是突變的。這就是説，從秦漢到隋唐這一階段，城鎮空間形態是一脉相承持續發展的，發展變革逐漸趨向于一定的布局規則。

第五，古代城鎮定型成熟期城鎮空間形態結構的發展。城鎮空間是社會的載體，城鎮空間環境與社會環境的一致性原則是人類對城鎮空間建設行爲的指導準則。城鎮社會生活需求指導城鎮空間的建設，城鎮空間關係反映社會關係，城鎮空間的整體組織作用是維持和控制社會活動格局的有力結構。反之，城鎮空間的建設發展又促進了城鎮社會生活條件的發展，新發展的城鎮空間組織關係反過來在一定程度上影響城鎮社會生活組織結構的演進。

中國古代城鎮的發展是一個持續的過程，其空間形態結構的發展呈現出階段性。古代城鎮成熟時期的城鎮建設是以經驗爲基礎的。城鎮空間形態結構發展經歷了小城鎮空間的形成——小城鎮空間普遍發展（小城群集形態）——大中城鎮空間形態結構發展完善的三個階段，是一個城鎮空間建設與社會生活組織秩序相互作用的過程，顯示了一種理性循環上升的規律：

社會生活組織秩序 —促成作用→ 城鎮空間建設
社會生活組織秩序 ←反饋作用— 城鎮空間建設

秦咸陽和西漢長安由結構鬆散的小城鎮群集體形成。到南北朝時期，這種大中型城鎮空間結構逐步有機緊湊，內在生存機制得到完善。北魏洛陽開創了從小城鎮群集組合方式發展成大城鎮空間整體有機構架的雛型，直接爲唐長安提供了範本。這種大城鎮空間形態結構的有機性直至宋代汴梁（今開封）後纔得到全面完善。

（三）中國古代城鎮再發展、多樣化時期

1 宋、遼、金時代城鎮特徵（公元九六〇年至公元一二七一年）

宋、遼、金朝代經濟文化的發展興盛與少數民族國家的興起促使了西北、東北地區城

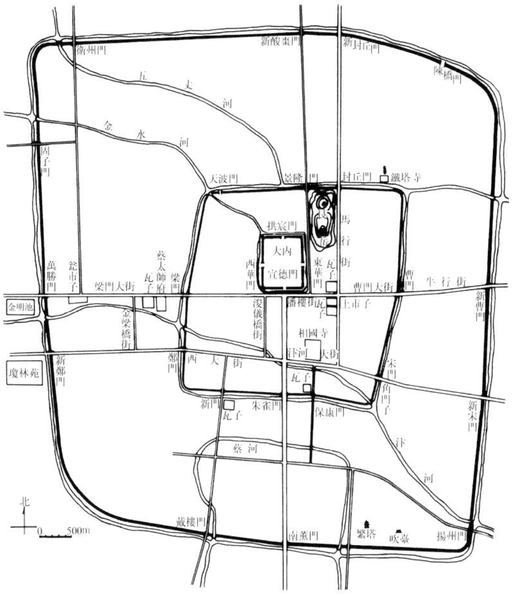

圖一五　宋東京（開封）復原想像圖
引自《中國城市建設史》，同濟大學編著，中國建築工業出版社，一九八二年版

鎮發展。總體上講該時代城鎮發展水平較前代高。五代十國的戰亂和宋遼金的相持、對峙，對古代城鎮體系的分布進行調整，初步形成中國現代城鎮分布體系的基礎。該時代城鎮發展具有以下幾個特點：

其一，全國城市化水平提高，城鎮數量增加，規模擴大。

其二，城鎮分布受政治、經濟規律雙重作用，政治中心區域同經濟中心區域進一步分離，城鎮分布密集區進一步向江南經濟發達地區偏移。

其三，小城鎮開始興起，尤其工商業市鎮的興起在該時代形成一個高潮。新興市鎮多位于交通要道、沿海口岸、水陸碼頭、大城市周邊，成爲溝通城鄉商品經濟的紐帶。

其四，形成了真正意義上的工商業城市，首次出現了因經濟發達、工商業地位突出而設州的城市。

宋、遼、金時代是我國歷史上商品經濟和文化迅速發展繁榮的一個時段。上層建築受到經濟基礎的强烈作用。城鎮街道由封閉轉爲開放，不同區域的城鎮空間風格不盡相同，市俗性建築類型大大增加，成爲城鎮空間建構的重要影響因素之一。士文化對城市空間理念的影響加深，城鎮注重與自然結合，因此該時代城鎮空間的藝術風格與前代有明顯的區別。首先：城鎮選址的意蘊内涵更加豐富，除『江山社稷萬年』的政治象徵意義外，還著重體現了『四海之聚』的經濟意義和『靈山秀水、造化獨鍾』的自然景觀意義。其次：形成了三重套城、城河、居中的宮城和井幹路網的典型政治中心結構城市布局建設實例。對『中心——四方』的《周禮》哲義的象徵意義及社會意義加以運用發揮，并在布局中充分體現『天人合一』的自然觀。確立了中央政治中心結構的城制格局。第三：坊墻消融，街道空間走向開放，空間組織秩序更加嚴密。開放——封閉兩種空間組織秩序在城鎮不同區域應用，加以對比，映照『内外有别，開合有序』的禮樂秩序。第四：建築裝飾走向興盛，注重對空間的精細推敲，賦予空間及建築各種美好的象徵含義。

由于宋遼金時代城市發展特點，城鎮出現了政治中心結構和經濟中心結構兩種類型，它們各有特色：

第一類城鎮爲政治中心結構城市：其空間布局因防禦要求演化形成的三重套城、宮城居中的形制（圖一五），扣合《周禮》，更切合『居中』哲義，是對理想城制的進一步解釋。將政治中心結構城市形制進一步發展，成爲政治中心城市首選定制。確立了以中央爲藝術處理重心的城市格局。突破了東西市和『面朝後市』的定制，『坊里』制度消融，街

道空間成爲城市生活的主要場所。城市總體布局較前代更重視與自然的結合，綠化、水網、路網、城垣的配置根據實際情況結合城制要求加以變通。

宋遼金時代政治中心結構城市仍以直綫條、方正格局爲城鎮空間的藝術主構架。宮城居中，以宮城爲中心組織南北向城市中軸綫，沿中軸布置重要建築，體現皇權至高無上、莊嚴肅穆的城市政治禮儀主軸綫。這一時期政治中心結構城市空間組織脉絡突破了原來單一綫狀格局，由政治禮儀軸綫和商業生活軸綫共同組成，城市總體形象逐趨輕鬆活潑。空間組織的控制要素範圍拓寬，以建築實體爲主，水網綠化爲輔。新興的世俗性公共建築結合經濟動脉——水網（圖一六），發揮其自然景觀優勢成爲市民活動的主要場所，形成城市生活空間的重點。

政治中心結構城市空間設計仍以軸綫對稱式爲主，全城劃分爲『棋盤』格局。受自然條件及文化因素影響，空間處理日趨靈活，開始吸收曲綫要素，且城市中重要的外部空間不一定與城市政治禮儀主軸重合，街道成爲城鎮空間的重點。空間形象由追求城市總體氣勢轉而追求氣韵，重視細部尺度的推敲。

第二類城市爲經濟中心結構城鎮：這種城鎮又可分爲兩類：一種爲經濟中心兼政治中心城鎮，另一種單純經濟中心結構城鎮。這兩類城鎮的興盛和發展與商品的生産及流通有密切的關係，受生産及流通的自然條件的影響較明顯。

城鎮布局反映地域商品生産和流通的特點并與周圍自然條件相適應。經濟中心兼政治中心結構城市的總體布局受理想城制影響，以政權中心爲規劃重點，力圖保持多重套城、中軸對稱的城市格局。城市以政權中心爲生長内核，呈規則方形，有城垣及護城河。外圍則沿經濟動脉擴張，依山水之勢分布生産、生活、商業用地，受自然、經濟、文化因素綜合影響，外城垣常爲不規則形。城市路網受内核形態控制，以直綫網絡爲主，路網逐漸轉爲順應自然的走勢。

純經濟中心城市的政治管理衹是從屬職能。其布局完全遵從自然條件約束和經濟活動需求，較少受傳統城制條框影響。往往生産、生活用地相雜，反映出自發形成的城市生長機理。平面形態多爲不規則自然形，其邊界與自然界面重合。城市構架依托經濟生長内核，路網因生産、流通、自然的約束呈不規則形態，并與水網緊密結合。

宋代經濟中心城鎮空間組織突破城市受政治禮儀軸綫的約束。經濟中心兼政治中心結構城市常因活躍的商業生活軸綫和肅穆的政治禮儀軸綫的交叉和城市不同的功能作用而構成複雜的空間框架。單純經濟中心結構城市則主要在城市商業生活軸綫上構成城市空間肌

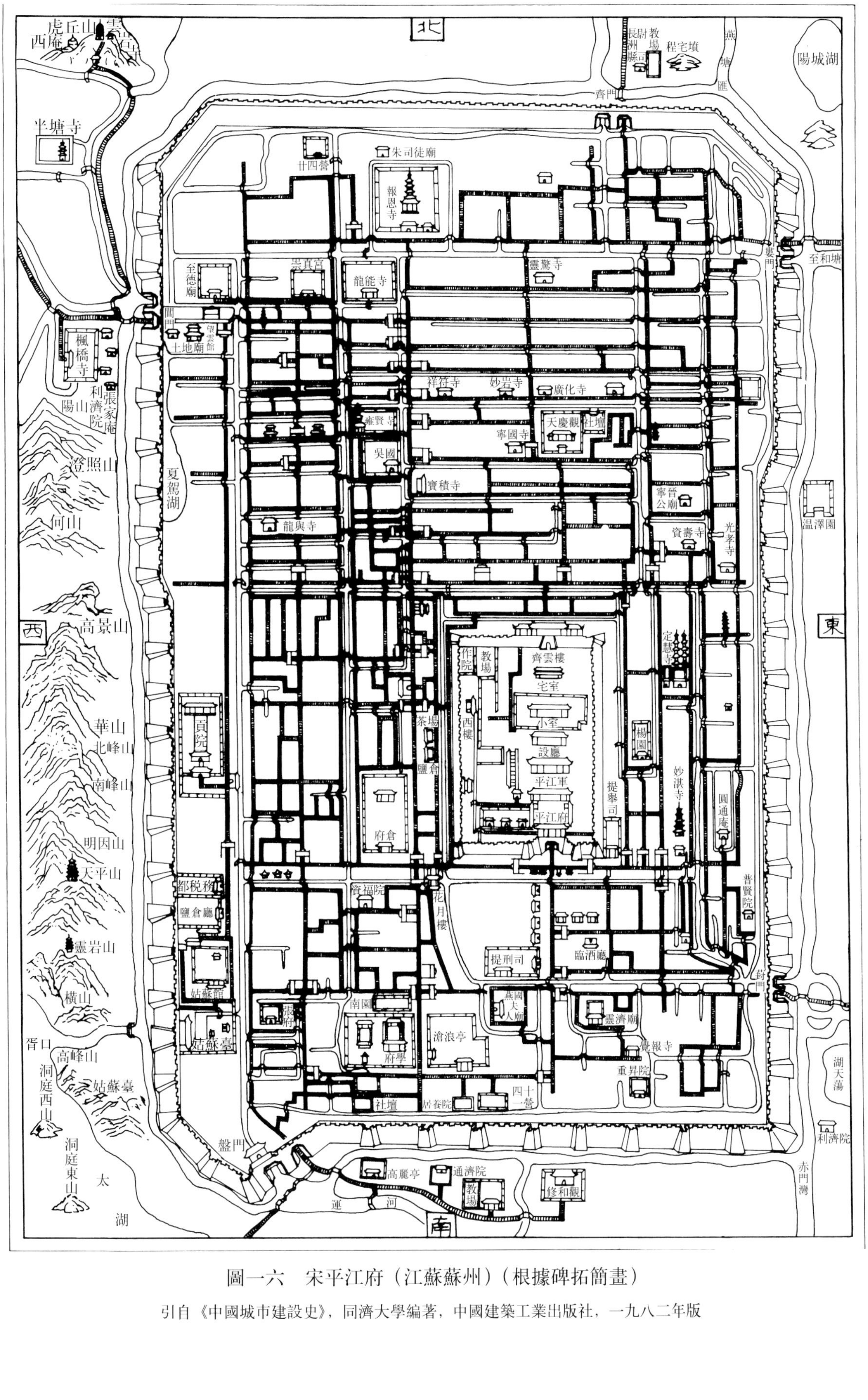

圖一六　宋平江府（江蘇蘇州）（根據碑拓簡畫）

引自《中國城市建設史》，同濟大學編著，中國建築工業出版社，一九八二年版

理，經濟中心城鎮以城市商業生活軸綫爲空間組織主軸，其控制要素往往是城市大型生活性公共建築及突出的自然地形控制點，常因具有風景優美及特殊文化歷史内藴形成自然景觀軸。經濟中心結構城市空間的藝術品性主要是民間本土文化的明麗清雅，城市空間較前代經濟中心城市和當代的政治中心城市都更爲開放。兼有政治中心功能的城鎮空間形象仍力圖用政治禮儀軸綫形成權力控制的城市形象。單純經濟中心結構的城鎮空間處理十分靈活，結合市民生活性的埠頭及廟前廣場等場所的城鎮開放空間突出地體現出地方特色。

2　元代城鎮特徵（公元一二七一年至公元一六三八年）

宋末到元初社會經濟出現大的倒退，元朝民族矛盾、先進與落後生産關係的對峙都十分尖鋭。人口鋭減，對原有城市造成巨大破壞，許多城市因此衰落。其城鎮總體發展水平較宋代低。元代城鎮建設的主要動力是政治力量，大規模建設祇能在政治力量促使下進行。隨著元朝推行行省制，行省和路的治所所在城市因爲行政地位的提高得以恢復和發展。一些位于商路、航道、海運航綫和港口的城市在商貿繁榮的刺激下迅速發展。元朝發源地蒙古草原興建了一批新興城鎮，尤其位居交通要衝的草原城市發展十分迅速。

元代城鎮建設最高成就以元大都爲代表，元大都的營建總結了元代之前歷朝都城規劃設計和建設的經驗，運用了當時最先進的科學技術，并吸收外來工匠參與建造，從規劃設計到建築營造都達到了當時一流水平，聞名世界（圖一七）。元大都將都城擇址的内在意藴上升到最高層次。『幽燕之地龍蟠虎踞，形勢雄偉，南控江淮，北控朔漠，且天子必居中，以受四方朝覲』。不僅具有政治、軍事上的種種優勢，還具備豐饒的經濟基礎、商路便達的交通條件和優美的自然景觀，達到『造化獨鍾，萬物皆靈』的境界。元大都功能布局從《周禮》出發，三重套城、宮城居中、前朝後寢，左祖右社、面朝後市，形成向心拱衛政治中心的格局。全城遵從統一等級秩序，使從一磚一瓦到山川河流都符合『權力中心』的哲義理念。元大都在空間藝術上最大成就在于：有意識地組織全城的空間肌理，突破了以往單純解釋禮制，僅重視對政治禮儀軸綫進行空間組織的情况。其特點如下：

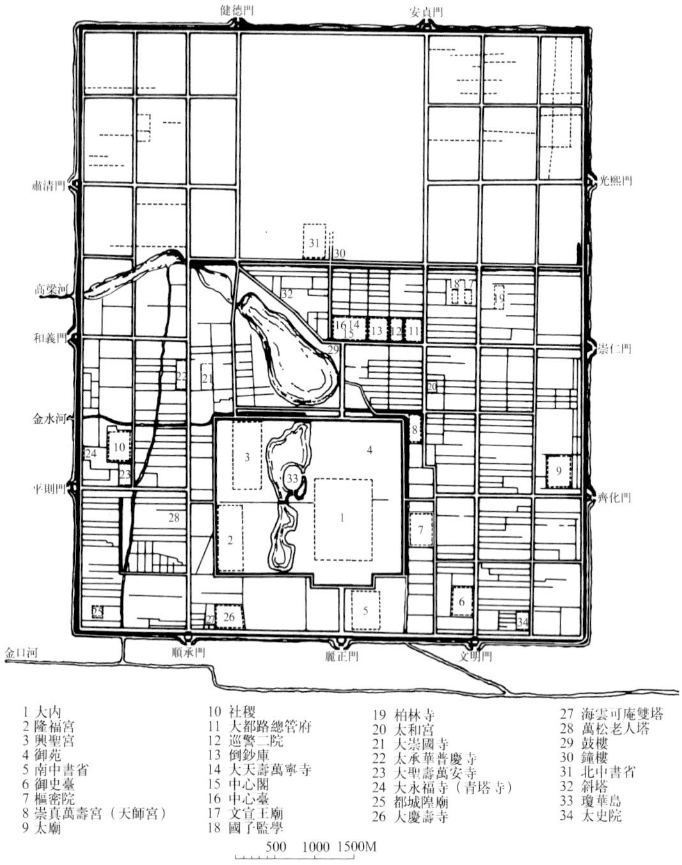

圖一七　元大都復原平面圖

引自《中國城市建設史》，同濟大學編著，中國建築工業出版社，一九八二年版

圖一八　明清北京城

引自《中國城市建設史》，同濟大學編著，中國建築工業出版社，一九八二年版

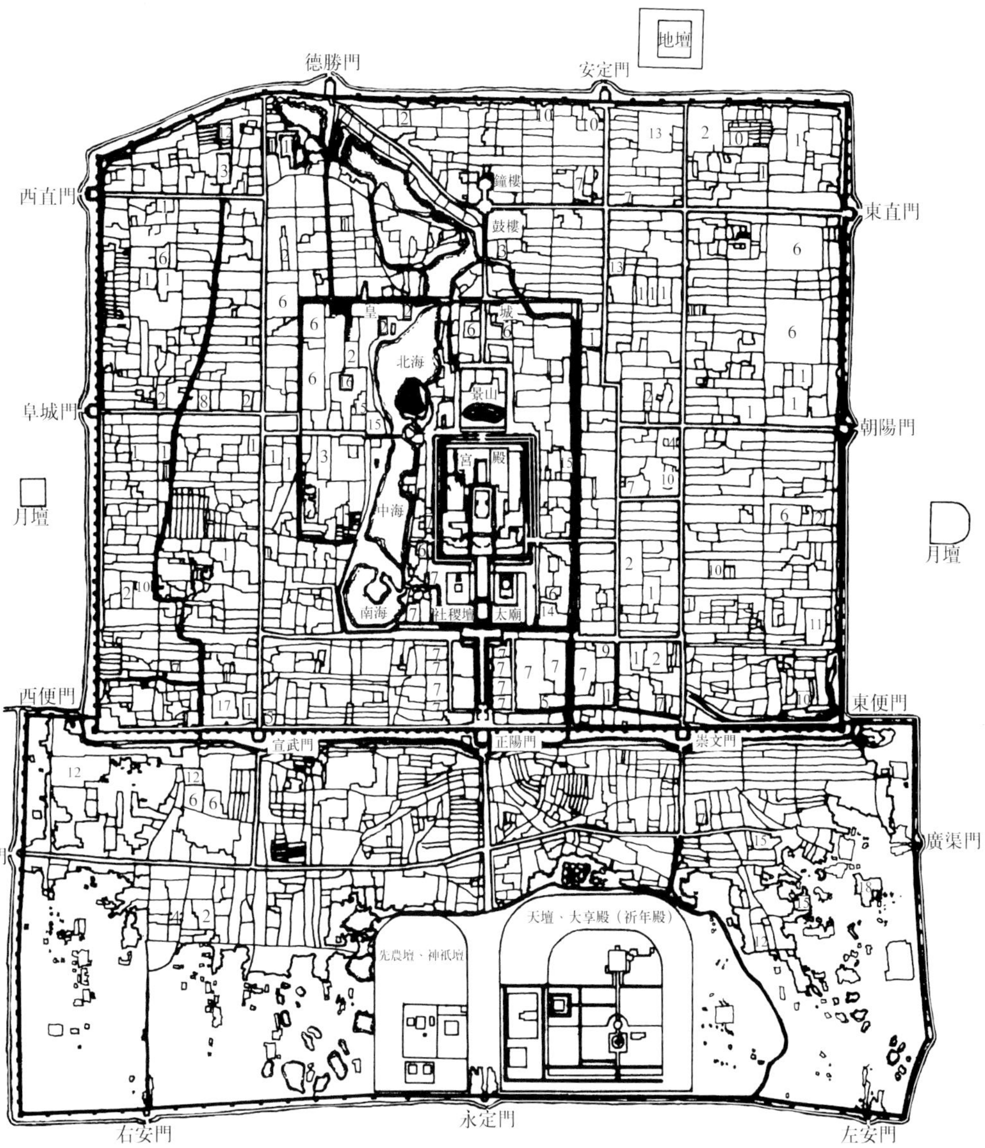

1　親王府；2　佛寺；3　道觀；4　清真寺；5　天主教堂；6　倉庫；7　衙署；8　歷代帝王廟；9　滿洲堂子；10　官手工業局及作坊；11　貢院；12　八旗營房；13　文廟、學校；14　皇史宬（檔案庫）；15　馬圈；16　牛圈；17　馴象所；18　義地、養育堂

其一，重視對自然地理形態的利用：以原中都東北行苑風景最美的太液池三海爲景觀組織中心，并與宮殿區結合爲全城的內核，扣和『天人合一』哲義，再在外圍進行多種不同藝術類型的空間組織。

其二，大都的空間組織肌理强烈體現『中心』概念，圍繞中心進行藝術布局。以政治禮儀軸綫貫穿全城，作爲空間組織的主軸。

其三，將沿自然水系展開的商品漕運系統納入總體規劃，漕運主碼頭設于宮後海子，由此建立全市最繁榮的商市，附合『面朝後市』，又將城市生活軸綫的高潮納入政治禮儀軸綫，加强烘托『中心』的藝術效果。大都的建設以直綫組織和劃分城市空間，形成規矩有序的空間特徵。

3　明清時代城鎮特徵（公元一三六八年至公元一八四〇年）

明朝采取了一系列措施緩和社會矛盾、發展生産，因此明代城鎮發展迅速。重要市鎮多集中在運河、長江兩條水運幹道及一些陸上交通幹綫上，南方城鎮數量明顯超過北方。工商市鎮興盛，《明史》載，明朝共有著名工商業城市三十餘個。在經濟發

達區及水陸交通幹綫上城市與村鎮相互聯接形成城鎮網絡。此外，政治作用推動城市發展，都城、藩王駐城發展爲區域中心，『九邊』轄區兵鎮也很繁榮。《明史》載明朝有政治中心城市一四七一個。此時，城市人口增加，規模擴大，大中城市數量增加，形成的大型城市有南京、北京（圖一八）。

清代城鎮從數量、人口規模和經濟繁榮角度講均超過前代。十九世紀初，全國已有縣級以上市二〇八個，中小市鎮二萬八千餘個。這些市鎮形成了現代中國城鎮體系的基礎。清政府推行的『重農抑商』、『閉關自守』政策阻礙了工業發展，延緩了城市化進程。從整體看，全國的城市化水平仍很低。

明清時代是中國城市迅速發展的一個時代，不同類型的城市共發展的主要動力因素各异。都、府、郡、邑各級封建統治中心從鞏固統治角度出發，興起一系列築城高潮，其主導動力是政治力量。塞北邊堡和沿海海寨兵鎮發展的動力是軍事意義，一旦駐防軍事戰略地位失去，城鎮也隨之衰落。經濟中心及交通樞紐城鎮的發展主要依靠經濟動因。

明清時代城鎮空間最大的藝術成就是將政治中心城市——尤其是都城的形體空間建設的藝術性同封建哲理秩序相結合，把空間的藝術象徵意義發揮到極點。這類城市的擇址綜合政治、軍事、經濟、風水等各方面的意義，而且城市布局不僅遵從禮制還注重天象含義。政治中心城市的空間藝術成就達到禮制約束下的最高境界，極富秩序感和理性。

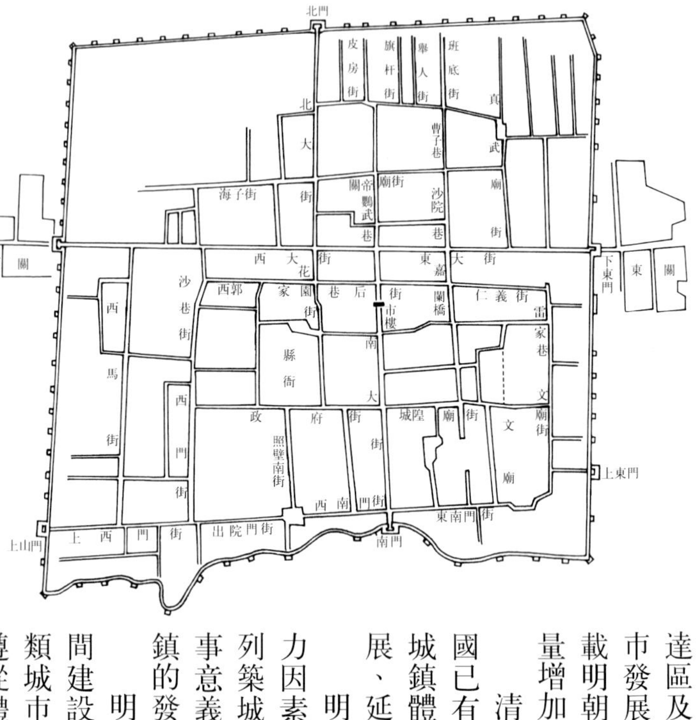

圖一九　清代平遥城

引自《中國城市建設史》，同濟大學編著，中國建築工業出版社，一九八二年版

政治中心城鎮空間理念扣合儒家『居中不偏』、『不正不威』的思想，因而城制方正、布局對稱，以求端莊、威嚴。城市以政治禮儀軸綫爲空間組織脉絡，表現社會的倫理秩序。以直綫網格構架城市空間，綫狀網絡串聯空間爲典型形制。地形複雜地區的城鎮，其政治禮儀主軸往往依山就勢，取勢均衡。兼經濟中心的城鎮空間組織脉絡往往由政治禮儀軸綫和商業生活軸綫交織而成，不同地段有不同的主導因素。

經濟中心城鎮空間特色表現爲：其總體布局圍繞城鎮經濟脉絡展開，與商品的生產、交換、轉運相關。往往以城市的經濟生長點，一般是城市的商業中心和交通樞紐爲核心，按經濟規律分組成團，再由街道串聯起來。城市布局同時受傳統風水觀念影響與自然環境緊密結合。城鎮的空間組織脉絡往往是商品運輸動綫，水鄉城鎮還常與河道重合，陸路城鎮則與對外交通綫走向重合。因而空間組織常依托自然，各個段落風格各异。

受封建禮教觀念深刻影響，經濟中心結構城市常借鑒政治中心結構城市空間組織方

式，將它作爲理想範本，然而城垣總是在經濟最活躍的方位被突破（圖一九）。經濟中心結構城市空間設計十分靈活，道路空間隨街巷建築性質不同靈活變化，或開或合、或收或放。城鎮主空間圍繞該城標志性地段展開，空間開放。建築風格與當地氣候特徵相關，具有濃鬱的鄉土氣息。局部地段空間格局與該地段行業的風水禁忌相關。城中有風水作用的樓閣塔碑與自然山川形勢呼應，構成美麗的城鎮風光。城鎮空間反映地方特色，如水鄉城鎮。一些商業及生活設施以小品形式出現于街頭巷尾，成爲地段重心，如井臺、街亭。

城市中的造園活動在明清時期達到鼎盛，尤以清朝宮庭的一些造園活動最爲積極。園林分爲兩類：一是皇家園林，這類園林選址擇景在城市總體布局中反映的是皇家特權的象徵，園址位于自然條件上佳的場所。二是私家園林，多爲名商大賈、文士官僚私宅附設的園林。造園理論源于文士詩詞畫賦意境的建構，是人們對自然山水美的提升和再創造。園林選址講究相地合宜，構園得體，常與城鎮中自然水系、地形相結合。因地成形、就地取材，園景與自然風景相呼應。人工意韵與自然氣質相得益彰成爲城市空間最美之場所。通過園林及相關建築將自然山川美景引入市鎮。高大建築是空間組織的控制點，又往往是引景入城的媒介。街道空間的開合也常配合自然形態，園林與街景常有因藉，街巷因園林而開朗、園林因街巷而豐富，這些園林空間如粒粒珍珠，串聯于街巷水道，使城鎮空間熠熠生輝。

清末鴉片戰爭後中國逐步向半殖民地半封建社會轉化。帝國主義入侵破壞了生産，造成經濟蕭條，清末城市化進程相當緩慢。受資本主義勢力影響，此時中國城鎮發展極不均衡。被迫開放的沿海、沿江城市發展很快，出現現代化趨勢。這些開埠城市呈現經濟畸形繁榮，城市性質發生改變。內地許多著名工商業城鎮發展緩慢甚至衰落。侵略迫使清政府開放邊疆，這些地區城鎮也有一定發展。

該時期初步形成了中國現代城鎮體系的基本框架和布局形態。即：東南沿海、長江中下游、珠江三角洲、東北南部、京津唐地區城市密集，經濟發達；而廣大西北、西南地區則經濟落後，城市稀少。城鎮可分爲三種類型：長期受單個帝國主義控制的城市；由幾個帝國主義割據的城市；封建城市。前兩類城市受西方思潮影響，城市服務于帝國主義的侵略擴張意圖，城市發生了較大變化。這些城市規劃方法與傳統中國城市規劃方法有很大差异，大多分爲兩區，租界和中國區。具有優美自然景觀和良好生活環境的區域常由租界占據，進行有組織的規劃建設。中國區則位于條件惡劣地帶，一任其自發蔓延。租界是這類城市的重點。城市格局明顯反映商業經濟、土地投機和政權分割關係。商業區在城市中處

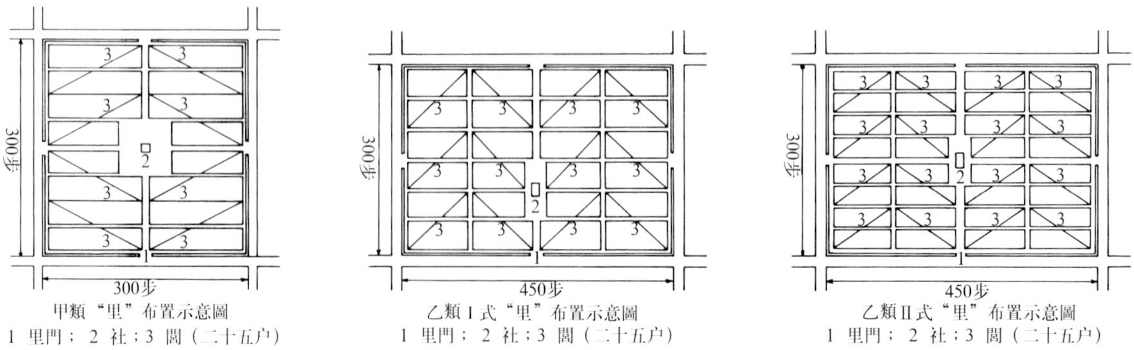

圖二〇　各類“里”的布置

引自《考工記營國制度研究》，賀業鉅著 中國建築工業出版社，一九八五年版

于突出地位，與交通樞紐結合緊密。城鎮建設早期模仿西方古典形式主義，講究幾何構圖。後期運用當時西方城市規劃理論，注重功能及交通問題。另一方面，租界的空間組織講究道路對景及城市輪廓的處理，注重與自然的配合，道路、建築、綠化常利用和配合地形。建築形式反映所屬國的建築文化特徵。

三　中國古代城鎮空間的構成特點及其成就

中國古代城鎮空間是由城市中心空間、居住空間、市肆作坊以及城鎮防衛空間等構成的有機整體，各時期映射著不同的社會結構、社會文化和審美理想。從文化淵源上來看，城市中心空間、居住空間及市肆、城墻等的有機整合展示出一種整體性的空間文化，或者說是一種符號特徵。中國古代城鎮空間的各種構成特點及其成就如下。

里坊

里坊是中國古代城鎮的居住區，它是中國古代城鎮中最主要的城鎮空間構成。儘管中國幅員遼闊，歷史悠久，然而古代城鎮里坊的風格是統一而延續發展的。其原因是里坊空間具有一定的規劃程式，這些程式大都具有如下特點：空間形態整齊方正，形態相似；空間處理講究整體性、內向性和秩序性；空間組織突出層級關係；空間內容都是由形態相似的合院式住宅和序列完整的街巷組成。合院式住宅大都方正劃一，軸綫貫通，建築形式相同。街巷空間序列的處理手法統一，風格一致，小橋、券門、鋪面等空間要素貫穿其中，產生收放、轉折、敞、遮等空間感受，從而體現出充滿喻意而又妙趣橫生的藝術魅力。

在中國原始社會時期，由于聚落的社會組織方式與空間組織結構基本一致，構成了以血緣社會關係爲基礎，以公共活動空間爲中心的家族居住組團。奴隸社會時期，逐步形成了完整的城鎮建設理念，出現了里坊的居住制度，里坊制是中國奴隸社會時期『治民』的聚居制度。里坊當時稱爲『閭里』，分布在城內。閭里是封閉的，四周築有圍墻，四面臨幹道開設四個里門，有專人把守，編户的居民聚居其中，像一座方形的小城堡。城鎮中的居住區就是由這一座座方形封閉的小城堡組織構成的。『里』內中心地帶設有社壇，『里』內住宅以『閭』爲單位編户組織。一『閭』二十五户，每户宅地二畝半，四『閭』爲一

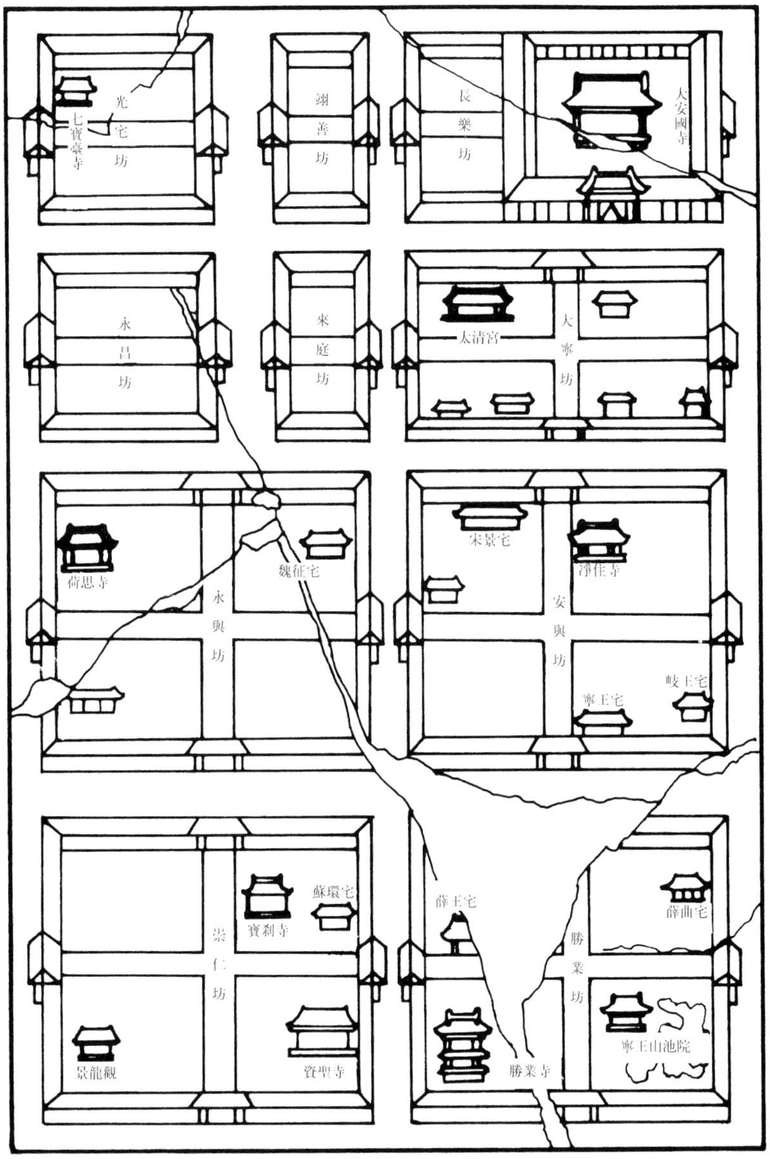

圖二一　唐宋呂大防刻長安城坊圖（摹自《華夏意匠》）

『族』，聯成一列。各宅均爲南北向，沿巷對稱布列，形成整齊劃一的整體。閭里中住著非同一血緣關係的居民，這些居民組織成爲一個生活、生產、軍事的單位（圖二〇）。不同階級、職業的閭里，在城中的位置不同。

封建社會由初期走向强盛時期是里坊空間逐漸完善的時期。這一時期的主要特點是受商業經濟發展的影響，閭里內商、住混雜，街道生活功能日趨顯著。此時，閭里在城鎮中的布局仍相對集中、完整。封建社會由强盛走向衰落的時期，閭里制逐步瓦解，被街巷制取代。坊墻被拆除，坊門變成牌坊等標志物。由于商貿的飛速發展，許多街道成爲商業街。一些商業城鎮路網隨意、自由，因此里坊的空間形態已不明顯。居住區內工商業和居民住混雜、官民住宅混雜。由于城市居民的參與，街巷空間藝術也蓬勃發展起來。街巷由原來的呆板、理性、封閉的空間，變爲生動、有趣、喻禮于情的序列空間。

中國古代城鎮里坊空間藝術具有突出的社會意識形態特徵，作爲審美意識物態化的體現，它是在特定歷史條件下的社會環境中産生的。這種社會環境是社會的政治、經濟、文化及地理環境等種種因素的匯合。正是這種因素構成的特殊形態，決定了藝術的形式、風格和哲學觀念，影響著藝術心理結構的形成與變化。這種凝聚了諸種社會因素的特殊形態，又往往隨著歷史階段的不同而變換。里坊空間藝術表現爲形式美、結構美、理念美等幾方面。里坊空間的形式美，主要反映在平面構圖、空間環境、裝飾三個方面。平面構圖美是指里坊空間平面完整、構圖穩定。里坊平面是由構成『單位』——合院式住宅有層級地組織在一起的，講究由同一『單位』構成新的『單位』，再由新的『單位』構成整體。

每一層次的『單位』都可追究出構成它的下一層次『單位』，每一層次『單位』又都是完整的、有中心有結構的；另一方面，從構圖面積比例上來説，通常里坊中住宅所占比例大，街巷、廣場、公共建築面積比較小。院落式住宅雷同，尺度相似；街、巷、廣場等空間略有變化。這就形成了『大同』、『小异』的穩定式構圖效果（圖二一）。

空間環境美主要指里坊通過一定的藝術加工，給人以含蓄樸素、平和恬適、秩序井然的環境感受。這種感受并不是生硬地强加于人，而是以情愉人，順理成章。在尺度上，里坊表現出宜人的比例，街道熱 却并不空曠，建築前有過渡的檐廊，店鋪門窗大開，使人感到街道空間和店鋪空間融合一體。巷道狹小却能滿足交往和內向性需要。門户入口空間後退，并有踏步或門檻界定，既不生硬又內外有別。里坊空間環境美也體現在同和异的關係上。里坊空間的差异是在同一前提下産生的，每户有完整的內部結構，又彼此相關地以巷道爲脉絡有機地延續，整體的平衡由各層級的中心來完成。里坊空間沉靜的外表後面往往藴涵著豐富的空間層次和景觀，里坊內的巷道比其簡朴的外圍還要生動，住宅內部的空間層次比其四周立面更爲豐富多彩。人們爲了達到高潮空間的體驗，必須首先體驗排在前面的空間或單元。這種潛伏著的期望和探求心理，使里坊中多層次空間體驗的總和比之單一大空間的體驗更具感染力。里坊居住空間特别注重時間和空間的關係，空間上采用組群布局，重視序列設計，重視觀賞路綫。建築結構統一，色彩搭配和諧雅致，也是構成里坊空間環境美的一個重要方面。里坊空間裝飾美主要體現在塑形裝飾、圖案裝飾、色彩裝飾三個方面。塑形裝飾是利用牌坊、拱券門、過街樓、鋪面、臺階、屋頂、墻等的裝飾作用；色彩裝飾指利用成片的灰素色彩，體現封建體制下的整體美；圖案裝飾是塑形裝飾的補遺，利用紋樣圖案體現濃厚的哲理、倫理色彩。

中國古代城鎮里坊空間在城鎮中數量最多，占地面積最大，與城鎮居民的生活最貼近。它具有自身的發展規律和空間組織方式。在這些規律和方式背後，藴藏著豐富的民族文化和審美內涵，因而呈現出强烈的藝術特徵。儘管這些藝術特徵和基本觀念是古代文化的産物，但却是文化精華，對我們今天的城鎮建設仍有很大的啓示。

市、肆

從我國古代許多文獻史料看，先有城和市，後來城與市纔結合在一起，成爲具有商市的固定居民點，就是最初的城市。這也是我們所研究的具有完善的政治、軍事、經濟、文化功能的中國古代城鎮的特定階段。因此，市的萌芽和完善，以至與城的結合，是城邑與

城市的最顯著的區別。

從嚴格意義上講，市作爲商業行爲的場所，它的出現應該早于城的出現，古籍記載說：『神農作市』，『祝融修市』，《易經》對神農創市還作了具體記載，神農氏『以日中爲市，致天下民，聚天下之貨，交易而退，各得其所』。據此看來，神農氏創立的市的規模已相當可觀，聚散的貨物也相當豐富。到了三代（堯、舜、禹），市在社會生活中已起著重要作用。自鯀『築城以衛君，造郭以守民』[五]，城而有郭，在這樣的城中，市自然也就成爲城內不可缺少的設施了。

在『市』的空間形態及其演變中，市不僅逐漸成爲市民生活的重要場所，而且映射著不同時代的社會組織結構和管理方式。在《考工記》中已有『前朝後市』的典制，『市』的設置被作爲政治制度的產物而影響著城市中心空間的構成。

『矩形之市』——順應統治秩序的封閉式商業空間

記載中，春秋戰國時期的市是有門有墻柵的，而且啓閉有時，與《周禮》所述相合。《周禮·地宮》載：『凡市入，則胥執鞭度守門。市之君史本肆展成奠賈，上旌于思次以令市』。由此可見，最早的市設有門，并有在門前執掌法令，且有令旗招牌來標明管理市場的官史的辦公處。

漢代已有市的詳細記載。據《三輔黃圖》記載，漢代長安有九市，『各方二百六十六步』。六市在道東，三市在道西。『市樓，皆重屋』，市樓又稱旗亭，『有令署以察商賈貨財買賣之事』。『市內』周環列肆，商賈居之。從東漢班固《兩都賦》和張衡《西京賦》的敘述來看，漢代的市是矩形的，有門有墻，市內有旗亭，五層之高，市內有許多通道（隧）、夾道，是買東西的肆、廛。近年發現的東漢市井畫像磚使我們對漢代的市有了更形象的瞭解。周漢的矩形市制，一直沿行到隋唐。唐朝的市雖然對周、漢市制有著承繼關係，但它在城市中的位置却不同于周漢。『漢』市的格局都遵照前朝後市的原則，據對漢長安城遺址考古發現，九市位置是在城的最北偏西處，確在皇宮背後。而唐朝的東西兩市都在皇宮的南面，這也爲考古發掘所証實。

歷經周、漢、唐上千年的時間，市一直被束縛在矩形的圍墻（或籬柵）和有衛士把守的市門之內，市的啓閉時間受到嚴格的限定。由于封建王朝的抑商政策，劃分給市的地盤非常狹小。例如，唐長安城有一百多坊，市僅占四坊之地。商業的發展勢必要突破這種局限。由于矩形之市在時間、地點、規模上的不適應，逐漸出現了非法的野市、專業肆市以

及夜市。例如西漢，在官方圈定的東西九市之外就出現了槐市。槐市没有墻栅，僅有槐樹數百株爲界限和標記，每逢朔望文人學士在此交易、發表議論。東漢洛陽城外有馬市；南北朝時城市之外開始出現草市；唐朝州縣以下的鄉鎮出現了非法的市，甚至還出現了夜市，詩人王建的名句『夜市千燈照碧雲』，講的是揚州夜市的盛况。這些現象都反映了商業發展勢必要打破舊市制的趨勢。

『街巷之市』——適應社會生活發展需求的開放式商業空間

宋代，市在空間、時間等諸方面終于獲得解放，這是中國古代商業史上的一次重大變革，城市格局因此發生根本的變化，城市呈現出前所未有的繁榮景象。首先，市不再固定在城市的某一部位，不再用墻、籬笆和街門把市圍起來。市分散在宮邸與百姓住宅之間，店鋪鱗次櫛比，聯成街巷，有的獨立于各種房舍之間，與城內其他部分的界限基本不存在。市的啓閉不受統一規定的時間限制，爲市配置的官僚機構及官吏也被取消。城郊和鄉村被允許設市。與此同時，在其他中小城鎮及鄉村有一種定期舉行的以某一類商品爲主的集市，集市出現了專業分工的趨勢。宋代廢弃了原先的設市制度，造成『十家之聚必有米鹽之市』的新格局。

『市』的建設，在《考工記·營國制度》中就已形成『前朝後市』的制度，并被奉爲典制一直延續下來，儘管其在城中的位置、空間形態及管理方式隨社會的發展有所變化，但作爲公共生活不可替代的特性，使其成爲中國古代城鎮中心空間一個不可缺少的組成單元。

城鎮防衛空間

中國古代城鎮防衛空間的主要表現形式有以下三方面：

其一，區域形成有計劃、按等級分布于全國各戰略要地的城池網絡區域體系。

早期原始人類的群居生活方式，後來的巢居、穴居生活方式，體現出人類的防衛意識和對自然界條件的被動利用。真正主動的防衛空間營造，始于原始聚居部落形成時期的第一步——原始房屋的建造。而區域總體防衛空間結構體系的雛形却是在原始聚居部落的胚胎中孕育的，并伴隨聚居部落發育過程逐步形成、發展、完善起來。

西周時期，古代城鎮區域總體防衛空間結構的雛形就已形成，并具有了一定的特徵。其表現形式是以都城或王城作區域的中心，其外圍建有多個輔助都城。輔助都城規模一般

較王城小，作爲加强王城統治的邊緣地區，具有很强的防禦特性。在統治區域的邊緣地區，還建有許多城堡，對保衛都城的統治區起相當重要的作用，多以純軍事性質爲主。同時，以王都爲中心，向戰略上重要的輔助都城修建以軍用爲主的國家一級道路——周道，目的是確保王都與各諸侯國都之間的交通暢通，便于機動，傳遞軍情。沿周道還建有郵亭，以加强聯係。但此時王都對一些諸侯城或小城堡仍起不到有效的控制作用。春秋戰國時期，這種空間結構在城鎮的發展中逐步完善、定型。一方面，在具有外來威脅方向的邊境地區，用構築城壘及修建堤坊的經驗技術，修建了規模相當可觀的防禦工程——長城（雛形）。另一方面，在敵對國家方向上的戰略要地構築軍事所點——塞，派軍戍守，以阻遏敵軍。

封建中央集權制建立以後，經濟逐漸發展，但戰爭中基本作戰方式未發生質的變化。所以，社會發展帶來各方面的進步并没有從根本上影響區域總體防衛空間結構，衹是對總體結構中的各構成部分起到改進、補充、完善的作用。

其二，城壘是我國古代城鎮防衛空間的集中體現。

原始社會時期是城壘的雛形期。在不斷的戰爭實踐中，城壘由最初向地下挖掘的最原始的『壕』，發展到重層壕溝與高出天然地面的土、石圍墻結合，又發展到壕溝與城墻結合的形式。城墻比起圍墻進步了很多，它不僅能起到遮蔽、障礙、『保護自己』的作用，而且可以保障守城人員居高臨下地發射弓弩、投擲石塊，實施觀察和指揮戰鬥，起到在防禦戰鬥中戰勝敵人的作用。

春秋戰國時期是城壘發展的定型階段。這一時期城壘規模、範圍一般較大，且城門增多。城墻的高度、厚度有所增加，城墻外側面傾斜度減小了。城墻上增修了陴（也叫堞或俾倪，後世稱爲女墻，即城墻頂部外側的墻）和角樓（城墻四角上建的高臺工事），并在墻上設垛口。每隔一定距離建有一座突出于外側女墻的木樓（馬面的雛形）。另外，城墻還設置了懸門（一種用轆轤及滑輪等機關操縱其升降的木板門，設于門道中部，爲第二道門），瓮城（，城門外增修的城），城樓（城門上方爲屯兵而建的木樓）。城墻外圍常常有壕溝環繞，其中有注水，溝内外常常構築、設置障礙物等。後期城墻上每隔一定距離建有觀察亭一座，呈方形，有頂，伸出女墻外一定距離，顔色與城墻色一致。施工技術已采用懸板夯築方法[六]。

三國、兩晋到隋、唐時期，是城壘發展完善的階段。爲了提高城墻本身的牢固度，對其局部進行了完善。如：角樓發展成多層發射工事的塔狀高層建築，馬面墻臺中建有倉庫

等等。後期還出現了『塵城』（宮城與外城之間構築的一道防禦工事）、『羊馬城』（構築在城墻以外，護城河以内的一道防禦工事）。建築材料上也逐步由磚石取代了土石材料。

北宋以後，由于火藥、火箭、火炮等熱兵器開始廣泛用做攻城的主要武器，便給建築帶來了巨大影響，但城壘這種防衛空間形式一直被沿用著。明清時期，築壘呈多樣化發展趨勢。明代曾出現過棱堡築壘的雛形。同時，城壘的形式與構築方法運用于各種條件下的防衛，形成多樣化、各具特色的防衛空間。例如：山防城池、海防城池、少數民族城池、塢壁等。

其三，城鎮内部空間形態基本呈現出内向封閉的形式，體現出生活性、防衛性的并重。

城鎮内部空間是由各種性質的建築領域空間（居住、宮殿、寺廟等）以及道路空間組成。而任何一類的建築似乎都是由住宅發展而成。住宅發展成四合院的空間形態就是靠圍墻圍成内向、封閉的形式。房屋的外墻或圍墻被看作是一種求得安全的需要。門、窗并不是可以在周邊的圍墻上任意開啓的。采光、通風等功能又是生活必不可少的需求，于是，四合院式的布局因能充分滿足這兩方面的要求而長期存在下來。宋以後衹有商業建築領域例外。隋唐以前，『市』的空間形態也是對内開放，對外封閉的領域空間形式。而宋以後，經濟發展使『市』在空間形態上開始打破内向、封閉，逐步轉向沿街開放的外向店面空間形式。這是城鎮經濟功能與防衛功能協調比重的結果。

以上三個方面，基本上概括了中國古代城鎮各種防衛空間的形態特徵。它們是相互依存，缺一不可的，它們的共同作用使中國古代城鎮具有整體空間防衛的功能。當戰爭來臨時，城鎮防衛空間在區域上表現出從内到外的層層控制和從外到内的層層設防以及相互防衛的空間結構特徵。它不僅保証城鎮安全，而且對城内人民生活安全和統治階級權力鞏固起到良好的保障作用。

中國古代城鎮防衛空間實際上是領域空間。戰爭無非是想擴展領域空間，取得更大利益的行爲。領域空間的特徵是由邊界實體圍合形成内向、封閉的空間。這導致具有内外分隔性，從而具有領域性。這種空間極其强調『内』而抑制『外』，這正是防禦的目的。中國古代，人們將這種空間防衛方式用在不同時期、不同層面和不同地方，并取得相當的成就。

古代城鎮防衛空間基本是采用圍合封閉的空間形式。『人工屏障』的城墻、坊墻等圍合形成城壘的偉大成就是世界公認的。更讓人稱道的是古代中國人巧妙地利用『天然屏障』

例如大海、高山、沙漠、叢林等條件與『人工屏障』結合作用的方法。古代城鎮防衛空間不僅爲戰爭所需要，同時也使日常生活安全和方便。

中國古代城鎮防衛空間在它的產生、發展、演變過程中也廣泛運用于民間，形成了不同風貌的塢壁，極大地豐富了中國古代城鎮防衛空間藝術。塢壁大體分兩種，一是豪强地主爲保護和擴大自己勢力修建的軍事據點；二是流民和群衆爲自己求生修建的。歷史上稱這類非國家政權建立的軍事據點爲塢壁，也叫塢堡、壁壘或堡壁等。它們一方面以軍事防衛性質爲主，一方面也具有保衛生產的性質。塢壁主要是通過宗法血緣關係及鄉里關係建立起來的社會組織。它顯示出民間空間防衛的藝術風貌。今四川隆昌縣雲頂寨，它選址于雲頂山上，平面呈不規則布局。寨墻高五・二米，其上建有垛口。墻外地形較高段的垛口之上砌有〇・七米高的壓墻，以保持高度，防止攀爬，并防止寨外高地上敵人的子彈或矢箭斜越墻垛而射中墻垣較低處的防守人員。墻周開六門，主要門上建有門樓，作瞭望之用，氣勢雄偉。寨墻四周凸出的墻體上修建有炮樓四座，上置土炮多門。高寨外築有中碉，以接應内外。寨墻均以青石砌築，中間以塊石和泥土填實。其外圍有茂密樹林，且寨墻立于懸崖之上，目的爲加强塢壁的防衛能力。寨内庭院林立，天井互通。天井内植花木、設假山，花草繁茂，環境宜人。各類建築精緻玲瓏，花木扶疏，鳥鳴氣潤，獨具南方特色。

中國古代城鎮防衛空間大到區域，小到宅院，形成了有計劃按等級分布的整體城鎮空間防衛體系。體現了中國古代城鎮空間防衛思想的計劃性、秩序性和整體性。

城鎮中心空間——廟堂空間

人類由原始聚落開始便不斷地積纍經驗和技術，形成一定的空間理念，并在歷史發展中得到補充和完善，指導人們改善自己的生活環境，以滿足增長的物質和精神需求。城邑聚落作爲城鎮形態的原型，其中心空間已具雛形，并隨著宗法政治制度而獲得了成熟的空間特性，即由單一功能向多種功能的集結。城鎮中心空間由農耕聚落的中心空間演繹而來，以後與建築結合成爲『享上帝、禮鬼神』的神聖空間。在城邑國家形成的龍山文化時期又具備了適應祖先崇拜、社稷崇拜以及世俗統治的意味，發展爲城市中心的宮殿建築群，具有一種適應人們心理需求的象徵性。而禮制、秩序、穩定是基于農業社會的需求，使城鎮中心空間的形成先天就具備這種特質而體現出理性的發展。

『明堂之制』是中國古代城鎮中心空間的社會性、政治性及倫理性淵源。由大型中心

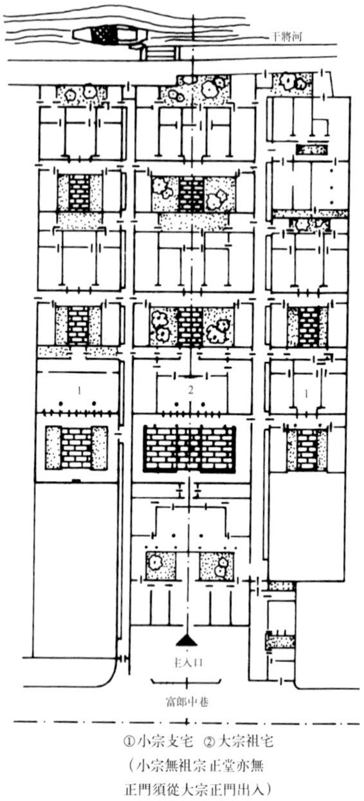

圖二二　城市空間組織中的倫理觀

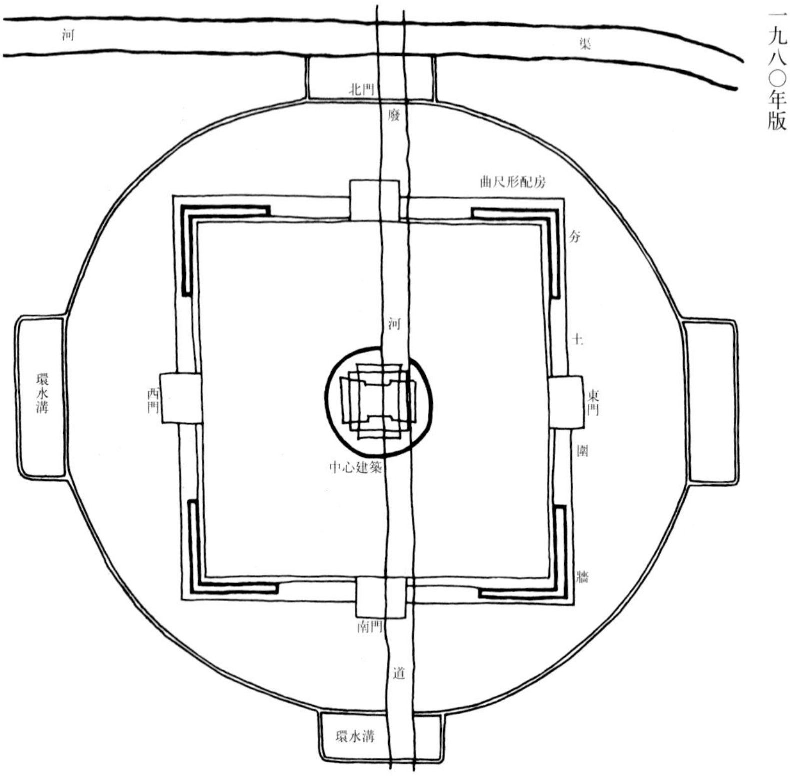

圖二三－1　漢長安南郊禮制建築遺址平面實測圖

引自《中國古代建築史》劉敦楨主編，中國建築工業出版社，一九八〇年版

聚落中心區的大型建築物逐漸發展爲後世的『太室』、『明堂』，是『前朝後寢』『前堂後室』的濫觴(圖二一、圖五、圖六)。《禮記》中對明堂的功能含義則有了明確的記叙：『昔者周公朝諸侯于明堂之位。……明堂也者，明諸侯之尊卑也。……太廟，天子明堂』[七]；『祀乎明堂，所以教諸侯之孝也』[八]；『明堂之制，周旋以水，水行左旋以像天。內有太室像紫宮，南出明堂像太微，西出總章像王潢，北出玄堂像營室，東出青陽像天市』[九]。『明堂者，所以明諸侯之尊卑，外水曰闢雍』[一〇]。《禮記》大體相當或略晚于《考工記》，可見，春秋戰國及這以前，明堂是天子召見諸侯布政令，并兼祭祀祖宗的場所，是一座禮儀兼祭祀的建築，建築形式有所象徵。《白虎通》說：『天子立明堂者，所以通神靈、感天地、正四時、出教化、宗有德、顯有能、褒有行者也』[一一]。其象徵意義更爲廣泛，成爲天上地下、宇宙萬物、和諧折衷、運行不息的象徵。《孟子·梁惠王下》載『夫明堂者，王者之堂也，王欲行政則勿毀之矣』。可以看出，古代建築在助人倫、敦教化、規範社會秩序、維護統治權威的同時，具有鮮明的社會性、政治性和倫理性。所形成的帶有宗教祭祀意味的政治性，因祭祀活動的社會倫理性而披上一層神授的光環，是中心空間的主要品質之一。同時，這種空間中的倫理觀又滲透到居住建築和城市空間組織中(圖二二)。以後的宮殿、廟堂之類的建築或建築群由于其象徵意義而獲得威嚴和雄偉之感，在城鎮的整體構架中『擇中』、『像天』則順理成章地享有權威性。後世的城鎮中心空間若無一定的象徵意義則無以爲廣衆之精神寄托。廟堂功能和城市中心以後逐漸爲宮殿取代，明堂則逐漸成爲一種純粹禮制建築置于郊外(圖二三)。而城市中心空間本身則獲得了象徵的品質爲各朝統治者利用和闡釋。

社稷之制使城市中心祭祀空間進一步由多功能集結而逐漸豐富和完善。社稷之神以及宗廟之神的多功能集結，并不是一蹴而就在商周時期突然出現的。宗廟之祭代表著祖先崇拜，祖先崇拜

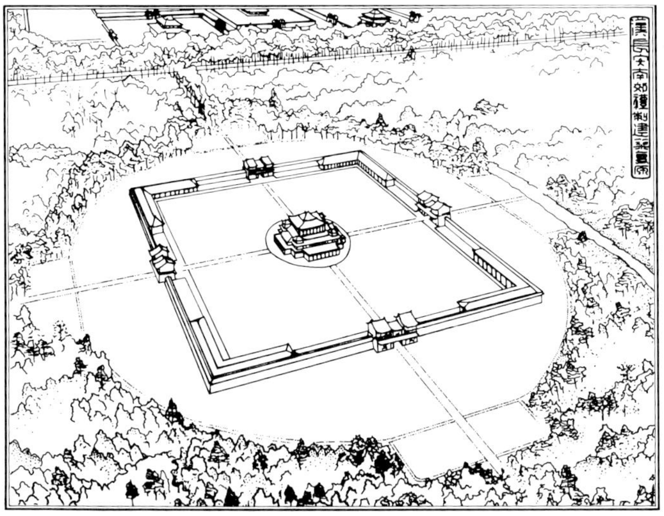

圖二三-2　漢長安南郊禮制建築總平面復原圖

引自《中國古代建築史》，劉敦楨主編，中國建築工業出版社，一九八〇年版

是由對祖先和對死者的鬼魂崇拜并與英雄崇拜相結合而發展起來的。表明社會中已存在的血緣世系方面的親疏關係，這是家族和宗族組織中尊卑等級關係的基礎。社稷之祭更具有『社會公衆性』，所反映的是人們的地域關係和社會關係。充分利用這一點，就可以在神聖的宗教名義下將血緣和非血緣關係的人們維繫在一起。因而作爲統治者通過對宗廟和社稷祭祀的主持，不但會使已掌握的權力逐漸上升和擴大，使其等級地位更加鞏固和發展，而且會使這種權力本身變得神聖起來。『社』在先秦時期是一個包含頗廣、內容極豐的崇拜實體，但其最基本的內涵則由生殖與土地崇拜相結合而構成。《説文》云：『社，地主也，從示土』[一二]。《禮記·郊特性》説：『社祭土而主陰氣』[一三]，又説：『社，所以神地之道也。土載萬物，天垂象，取財于地，取法于天，是以尊天而親地也。故教民美報焉』[一四]。我國古代，隆重的祭社節日無不與農業生産有著密切關係，所以『祭社』實際上是祭祀土地的生殖能力。

在中國古代『國之大事，在祀與戎』[一五]。這裏的祀一是指宗廟之祀，另一是指天地社稷之祀。就社崇拜而言，在周代『社稷』一詞已成爲國家政權的代名詞。社神除了土地和生殖的自然屬性外，還具有許多與農業生産無關的社會屬性。人們除了在農業生産及其節令中祭祀社神之外，出征或凱旋也要在社中舉行祭祀。『帥師者，受命于廟，受賑（祭祀）于社』[一六]，『大師，宜于社，及軍歸，獻于社』[一七]。免除災害也要舉行社祭，例『鄭子産爲火故，大爲社，祓禳于四方，振除火災，禮也』[一八]。天子踐位、諸侯結盟都要祭社。『恒公踐位，令釁社塞禱』[一九]。『陽虎又盟公及三桓于周社，盟國人于亳社』[二〇]。可見，社神變成了具有多種功能的國家或地區性的保護神。

據先秦文獻記載，在虞、夏、商、周四代的傳統中作爲國家統治中心的都邑，都必須營築宗廟、社壇之類的廟堂聖地和祭祀中心。這也爲祭祀空間作爲城市中心空間的主要構成之一，并爲其獲得先天發展提供了條件。《周禮·春宮》：『小宗伯之職，掌建國之神位，右社稷、左宗廟』[二一]；《周禮·冬宮》：『匠人營國，左祖右社，前朝後市』[二二]《禮記·祭義》：『建國之神位，右社稷而左宗廟』[二三]；《禮記·祭法》：『天下有王，分地建國，置都立邑，設廟祧壇墠而祭之』[二四]；《尚書·甘誓》：『用命，賞于社，弗用命，戮于社』[二五]，以上記載集中地反映出作爲權力中心的都邑是宗教祭祀的中心（圖二三）。也就是説，最初的權力中心是由宗教祭祀中心演變而來，從而使得最初的國家都帶有神權政治的色彩和性格。

誠然，由于西周對『德』的采用增强了理性，以及諸如禮制的深化和通過恩寵與忠誠

來聯結君臣關係，上下級關係的禮制化，使得神權政治色彩較商朝大爲減弱。但社稷之制始終延綿不衰，決定了中國古代城鎮中占主流的以宗教祭祀爲中心的都城建設的整體構架的特質，從而深刻地影響了中國古代城鎮空間觀念的蘊成與發展。

四 中國古代城鎮空間藝術特質

城鎮空間是實體與空間構成的時空持續體。中國古代城鎮的空間塑造具有豐富的人文內涵。這些內涵體現在城鎮空間語言的表達上和城鎮建設作爲政治制度的社會公共性的特殊潛質之中。古代城鎮空間塑造上體現的禮制和倫理的關係與以皇宮和宗廟、社稷所形成的空間格局同構整合形成一個具有神性的『人』的空間序列。它成爲一種理想模型，具有不可替代性。在城市空間的實體構築中建築以間爲單位，從平面到立面，從屋頂裝飾到色彩的等級使用，使空間體現出一種鮮明的邏輯關係和嚴格的等級秩序。城鎮空間形成强烈的秩序并具備後期擴展潛力。

中國古代城鎮空間理念的特色分述如下：

天人合一的空間維度

城邑可認爲是中國城市原型的初期形態，它反映社會、經濟、文化、藝術理想、審美情趣等深層價值觀念。它所形成的空間模式及其藝術特質奠定了中國古代城鎮空間藝術東方特色的基礎。

中國古代城鎮原形，它所形成的自律規範系統及空間形態的深層價值取嚮來源于人們的世界觀、宇宙觀和審美理想。古人們將自己看做是宇宙的中心，對世界有獨特的理解，并充滿神秘主義色彩。通過類比和偶像的途徑，把這一認識運用到了最早的形態設計中，使之成爲宇宙的縮影。

我國古代把對時間、空間生動直觀的認識上升到抽象思維的時空概念。古人把時間稱作『宙』、『久』，把空間稱『合』、『宇』等。據《老子·自然》篇記載，老子曰：『古今往來謂之宙，四方上下謂之宇』，反映了一種樸實、辯証的自然觀。在這種時空觀的支配下，建築就自然而然成爲自然界的一部分，而且有無限的特質和意義。城市則被認爲是

人類和賦予宇宙協調方式的力量之間的一種聯係中介——『天人交合』、『天人合一』的物化。

在這種宇宙觀的支配下，城鎮空間要滿足人們世俗及神聖的需求，于是祭祀空間、行政空間、集市貿易、居住坊巷、手工業作坊，尤其是以宮殿爲中心的模式空間成爲城鎮空間的有機組成部分廣爲人們所接受，并認同爲符合倫理的、和諧的理想模式，在人們不斷的實踐中獲得審美特徵。《考工記·匠人營國》是最早以制度形式出現的城市空間平面布局的理想模式。當然，具體的城市形態同時要受自然環境、社會環境、生態環境及技術條件的制約。中國古代『天人合一』的宇宙觀念體現在城鎮空間的布局和藝術表現之中，反映爲一種對空間的理解和嚮往，它在城鎮空間藝術表現的空間理念中最具中國特色。

王權中心的空間模式

中國古代城鎮空間中，宮殿往往占據了城市的重要位置，或于城之軸端，或于城之軸心。即便是在一般的州城、府城或縣城中亦以州府縣衙爲中心，未脱開皇權之囿，所謂『率土之濱莫非王土』。這種體現王權中心的空間模式有其深刻的內涵，中國文明特質的一個重要原因在于『王權』的特殊地位，它不僅影響了中國社會形態及其組織結構的格局，而且反映在客觀物化形態——城鎮空間藝術整體構架的形成。這應歸因于王權的構成。作爲國家統治之權的集中體現者，王權來源于以下三方面[二六]；

其一，王權的神聖性、宗教性，即王權有來源于祭祀的一面；

其二，王權的軍事權威性，即王權是在戰爭中發展和鞏固起來的，王權有來源于軍事指揮權的一面；

其三，王權來源于族權，來源于族的社會組織結構。族的尊卑等級，全社會中階層階級的出現是王權的第三個合法外衣。

由此，帝王成爲神的代言人，而以天之驕子自居、『唯我獨尊』。表現在城鎮空間中體現王權的至尊，逐漸發展爲軸綫——軸心空間組織方式。

禮制爲尺的空間組織

在中國古代城鎮的發展過程當中，『禮制』成爲其空間整體格局維新式演變中的主導機制，并形成了禮制爲尺的空間層級組織，或表現在城市的規模大小、城市的級別的高低；或表現于城市中宮殿、府邸的尊卑等級；或表現于建築的屋頂形式的差別、色彩的不

同，甚至建築的踏步亦有等級的表示。總之，禮制的制約體現于一切可見的形式中，從而豐富了中國古代城鎮空間理念之特殊内涵。中國古代城鎮空間整體格局受禮制的影響，與禮制的發展演變息息相關。禮制使城鎮空間藝術格局具有方向性和軸向。

西漢以前都城的格局坐西朝東，是繼承過去維護宗法制度的禮制，以東向爲尊。馮延堪《禮經釋例》概括《禮儀》的禮制卷一《通例》上有一條說：『凡室中，房中拜，以西面爲敬，堂下拜，以北面爲敬』[二七]。當時衹有臣下拜見君上用『堂下拜』的禮節，平時在室内舉行的禮節都是以東向爲敬的，當時殿堂是向南的，但室内的席次以東向爲尊。廟堂同樣是南向的，堂内神主的席位也是以東向爲尊，直到秦漢之際還盛行這種禮制。

東漢以後，都城布局改爲坐北朝南，是推行崇皇權的禮制，以南向爲尊。當時在中央集權的政治體制下爲推崇皇權的需要，把皇帝每年舉行的祭天之禮作爲重大典禮，規定在國都南郊舉行，這是使都城布局坐北朝南的一個原因。西周有祭天于郊外之禮叫做『郊』，《禮記·郊特性》說：『兆于南郊，就陽地也』[二八]。但在城東或城南未有定制，因爲太陽出于東方，陽光更充足，直到平帝元年，王莽規定了祭天地于南郊。這種在國都南郊每年舉行祭天的禮制，正符合當時『大一統』的政治體制和高度推崇皇權的需要，所以，到東漢爲光武帝所采用，從此歷代皇帝就沿用這種禮制成爲定制。東漢以後都城的布局從坐西朝東改爲坐北朝南，有個更重要的原因，就是適應舉行盛大的元旦朝賀皇帝儀式的需要，其目的在于進一步推崇皇權和鞏固全國的統一。以都城中心北部爲宫城主體的對稱的中軸綫布局，是適應規模越來越大的元旦大朝會的需要而設計的。同時，客觀上元旦大朝會也起到了加强中央集權和鞏固統一的作用。因此，唐長安棋盤格式的中軸綫布局出現，是統一王朝權力達到高度集中的一種表現。

由宫室爲對稱的中軸綫之端點，到以後皇宫位于城市幾何中心，體現了皇權發展的極至，不僅成爲體現『天人合一』觀念的理想空間模式，并使禮制的、倫理的觀念深入人心。城市空間藝術形式即體現了一種政治需要，又成爲尊崇禮制的榜樣。禮制體現在城市空間藝術中成爲一種可見的藝術形式和準則。

以防禦爲重的内向封閉性空間形態

中國古代城鎮空間以布局規整著稱，而在布局上顯示的智慧并無宗教上的神秘意義，它的文化背景是集權人政，井然有序的布局是人政和理性的體現。其核心是一統思想，所謂『道一以貫之』。一統起來之後是分等、分級、分秩序、分四方、分先後、分左右。四

合院作爲城市空間最基本的構成單元，其倫理功能極其明顯易見。整組建築以嚴格的軸綫布局來强調尊卑、長幼、男女及內外秩序，帶有强烈的封建倫理色彩。坊或胡同的形成乃是個體的封閉建築組成的高一層次的城市封閉單元。坊和胡同的居住形式體現了人們的自然心理需求和守望相助的關係，從本質上反映了中國禮教文明所帶來的內陸防範型社會本質。

中國古代城鎮有一個非常明顯的特徵——城墻。中國古文字中『國』即『或』字，象形一戈守口，口與土同義，口像形、土像意，故國與城義也相同[二九]。《周禮·考工記》中『匠人營國』即工匠築城。從城鎮空間藝術的角度來看，它不僅反映了當時的社會環境，即戰爭的存在，同時也反映了農耕民族特有的內聚防禦的心理狀態。從視覺形象上造成圍合感，具有强烈的視覺效果，形成了中國古代城鎮的視覺標志。城墻最初的功能自然以防禦和保護統治階級爲目的，以後又有了『守民』的功能。隨著社會的不斷發展，技術的提高及人們的審美要求，城墻的建造不僅從功能上得到完善，如瓮城、月城、水城等，其藝術造型上也逐漸發展并完善，城墻上的防禦設施：女墻、雉碟、敵樓包括排水等，既科學又符合一定的審美標準，其整體所形成的韵律具有强烈的視覺效果。我們今天可以從保留下來的實物當中領略到城墻作爲一種視覺標志所形成的一種封閉、內向及韵律感。這不僅僅出于防禦的功能的考慮，而且已經有相當的象徵意義和一種隱藏的秩序——『禮』的框圍。總之，中國古代城鎮空間具有整體性的特質。這種整體性體現出內向、封閉的空間模式及內聚防禦的社會心理狀態，同時，也反映出社會組織結構中的『禮制』、『秩序』以及各構成要素在整體中所反映出的城市文化及理性的空間符號特徵，即：四合封閉、統而爲一、秩序井然、等級分明。

賦城鎮空間整體感的風水觀念

『風水』理論的基本取嚮就是關注人的居住環境、人與自然的和諧及建築空間與自然環境的相互協調，客觀上形成了特殊的生態觀念。『風水』起源于人類早期的擇地定居，形成于晋漢之際，成熟于唐、宋、元代，明清時期，日臻完善。它注重人居環境的環境容量、環境質量和景觀問題。

『風水』也稱『相地術』，據現有資料推測，相地之法大約起源于原始聚落的營建。在原始社會早期，氏族部落生活以漁獵、采集食物爲主，他們逐水草而居，過著動蕩不定的游牧生活。到距今約七〇〇〇年的仰韶文化時期已進入了農耕爲主的經濟時期，于是開始

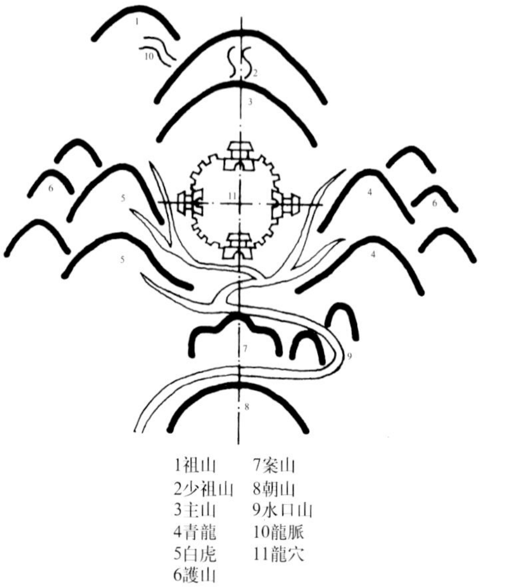

圖二四　城址選擇
引自《風水與建築》，亢羽、亢亮編著，百花文藝出版社一九九九．二

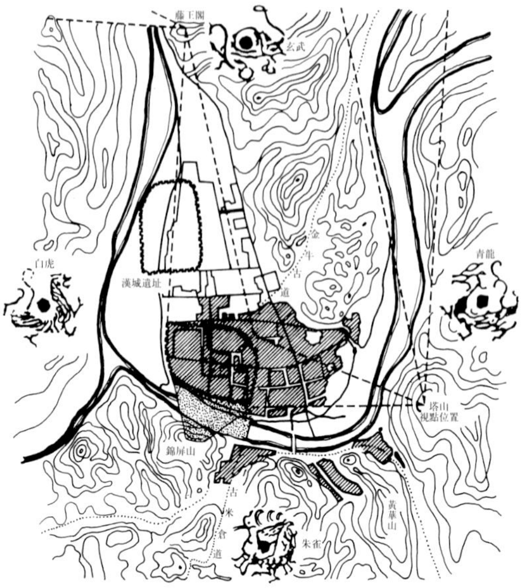

圖二五　閬中風水格局

了穩定的定居生活，由此導致了注重擇地的營建。

古代中國人早就認識到人與自然爲一個不可分割的整體。『天人合一』的哲學觀念就是這種認識的概括和總結。『天人合一』是中國自然哲學最突出的特點，這裏的『天』是無所不包的自然，是客體；『人』是與天地參的人，是主體，『天人合一』就是主體融入客體，兩者統一從而達到個人與宇宙歸于一統的狀態。中國古代自然哲學注意研究的就是整體的協調作用，強調人與自然的不可分的關係。由此，形成了我國古代傳統的與自然協調的生態觀。『風水』注意環境的選擇（圖二四），主要是對于地形地貌、水源水質、氣候天象、土質情況、植被綠化和景觀氛圍進行的考慮，再加上社會方面的政治、經濟、軍事等因素的裁定，雖有讖緯之説，大多僅是附會而已。歷史上就有周公卜居營洛邑的故事，繼承了殷人擇中建王城的觀念精心經營。春秋時期伍子胥『相土嘗水』選址規劃了吳國都城——闔閭大城（蘇州）。實際上歷代建都的地方均經慎重考慮，從大都市直到小的州縣，常見山水環抱的風水格局（圖二五）。

古代的風水除了生態、實用功能和一些讖緯內容外，還是一門藝術，其對環境景觀的組織是十分重視的（圖二六）。在古代，萬物有靈的觀念導致了對山川的自然崇拜，其逐漸發展出『仁者樂山，智者樂水』的寄情山水的審美理念和藝術哲學。人們崇尚自然，并以此來寄托人們的生活理想。這種包含著追求美的賞心悦目的自然和人爲環境的理想的風水觀念，也使城市整體的格局在與自然的關係中，除了遵循禮制外，巧于因藉，因勢隨形，出現了許多融自然景觀于一體的城市景觀，不僅加强了城市的整體感，而且展現了一種神秘的東方神韵。

積厚的東方文化特質

特定的地理環境、生産方式及社會組織結構使得中國古代文化形成了一系列有別于西方和其他民族文化的特徵，鑄造了自己獨具風格的文化類型。中國文化發展的獨特性，忠實地反映在城市形態中，架構了中國古代城鎮空間藝術的內蘊及其東方文化特質。它有別于以希臘文化爲主的，在求知熱情和探索精神上發展起來的西方文化體系影響下的西方古代城鎮藝術。首先，中國古代城鎮空間藝術具有延續性，其發展演變是維新式的，具有嚴密的邏輯體系和自律性。它有別于西方城鎮因其社會文化發展的急劇變革，以批判和否定來表達的承繼形式。它的新思想的産生以舊思想的衰亡爲條件，因此所反映出的內涵較爲單一。其次，中國古代城鎮空間藝術整體構架具有一種超穩態、內向的靜態封閉性，以及

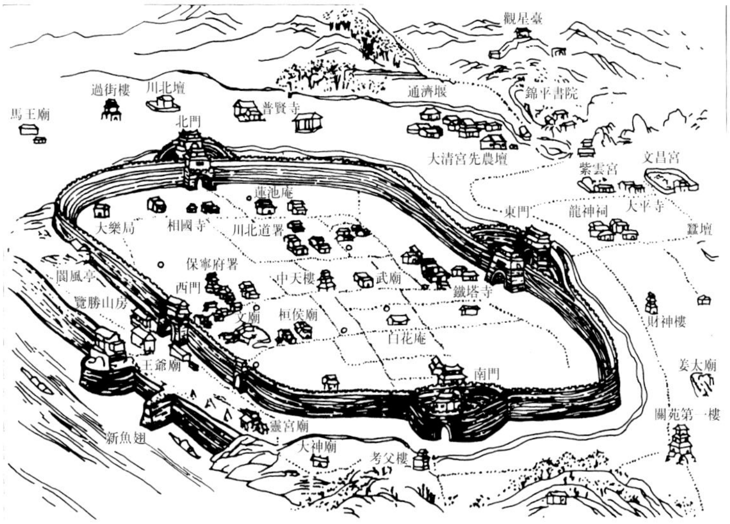

圖二六　閬中治城圖（清道光六年）

一種防衛型的空間品質。西方則因其文化的開放性和社會交往生活的豐富，其空間具有一種動態、外向、開放的空間品質。尤其是在古代，城墻作爲防禦的有效手段時，儘管同有圍墻，但城墻的圍合性具有不同的意味。最後，由于中國古代文明的社會結構形態的内向性特徵，形成嚴格的内向層次結構，建築構成以空間爲重。與此相反，西方古代文明的社會結構形成以外部空間來包圍建築，突出建築的實體形象，帶有雕塑性，是一種英雄時代的建築文化語言。中國建築實體突出其空間部分，從而構成了蘊藏豐富信息内涵的古代東方的建築文化語言。

城市作爲整體它包含了城市結構、城市所有的尺度和空間形態以及隨歷史發展而積澱在這些特質形態上的涵義和意象，以及它們所推演出來的形體表現。中國古代城鎮藝術整體構架所體現出的美學特徵概括起來有以下幾點：

其一　空間是以建築群體爲特徵，重視各個建築物之間的平面有機安排。

其二　在空間意識中，表現出某種明確實用的入世觀念，構圖平緩，以人性尺度體現日常生活的内部空間組合，具有理性精神。

其三　空間意識與時間進程相扣，注重人的心理及精神體驗。

其四　注重群體組合，建築嚴格對稱，空間氛圍嚴肅、方正、條理。

其五　通過單體建築藝術的重復，展現群體建築的流動美，體現出情理協調、舒適實用、有鮮明節奏感的藝術效果。

中國古代城市空間藝術，通過高超的藝術手法把人們的審美情趣融化到維繫社會的政治倫理紐帶中，這種維繫社會關係的紐帶作用主要有三條〔三〇〕：一是君權神授的法統永恒觀念；二是典章完備的等級秩序觀念；三是順理成章的皈依觀念。民族審美心理和民族文化傳統相聯係，中國傳統審美心理直接反映著理性的、實用的、人文的文化特徵。在另一方面，中國傳統的美學及哲學時空觀不求心態與物態的同構對應，相反，與物態間拉開距離，以超越物態的象外之象的幻境心態爲美，這就是中國古代城市空間的意境——獨具東方魅力的特殊品質。

綜上所述，中國古代城鎮空間藝術滋生于特定的大陸民族文化的土壤，它的整體結構的完整性、内向性、秩序性和由城市縱向軸綫爲主、橫向軸綫爲輔的藝術表現，體現了内向的民族心理和宗法制度下的『天人合一』的意識觀念。這種城市空間藝術體系不僅充分體現了一種由城市空間所展現出來的美感，而且這種美感與其相應的社會生產方式、社會組織結構、社會哲理觀念及審美情趣相契合，體現出一種中國文化所僅有的美感的邏輯性

和倫理性。

中國古代城鎮空間建築藝術特質分述如下：

構圖特徵

平面構圖上采用對稱的手法形成軸綫，構成縱向深入、層層推進的構圖。構圖方整劃一，整齊有序，軸綫終端一般以重要建築或形象突出的建築收尾。

立面構圖上由于建築立面分爲三段式，因此以橫向構圖爲主。注重正立面構圖，構圖嚴謹，鋪陳舒展，以橫向綫條展開層叠的序列節奏。

空間形態

中國古代城鎮空間由城墻圍合，體現出由外而內的秩序契合。城市空間形態呈現出理性的配合和演繹，反映出一種內聚的心理和內向的空間品質，由『院』的重復演變使空間形態呈現一種內在穩定性，即規律性和空間的內向防禦性。

空間邏輯

中國傳統建築的造型有著相當嚴密的邏輯關係。誠然，一切建築都是工程技術産品，都有著科學技術必然有的邏輯關係，但在造型上的美學邏輯關係則極爲廣泛，幾乎體現在建築造型的每個方面。例如屋頂形式、開間、臺基、結構與形式以及建築裝飾等等。建築的邏輯性使城市空間獲得了相應的空間邏輯，從而與建築配合形成城市空間的等級秩序性。城市空間的邏輯性是由道路來界定行爲路綫，而城市道路網絡結點上的建築造型的邏輯性格則使城市空間具有嚴密的識讀性。

景觀特徵

中國古代城鎮空間藝術以『天人合一』的自然哲學思想爲理想的空間原型，它基于禮制，充分注意與自然環境的協調。因此，表現在城市輪廓、城市景觀及與自然環境關係上體現出一種含蓄、中和的美感。從整體構架來看，主要有以下幾點：

第一，整體性。由于中國古代城鎮空間藝術整體構架與政治禮制制度緊密相關，建築的等級秩序不容超越，構成藝術形象的基本概念是程式與規格，即嚴密的等級制度和數學模式，因此體現出理性精髓。從空間輪廓所體現的突出視覺形象是屋頂，而屋頂的形式、

大小、高低甚至色彩都代表著一定的等級。從視覺上，高等級屋頂——宮殿、廟宇等的重檐廡殿頂、重檐歇山頂等等形象與平面布局及結構相關聯，因其與高大建築體量的配合，在空間中獲得一種主宰力量或者説是一種控制感。在平緩的建築輪廓中突出而顯示出尊嚴，形成一種具有控制感和可識讀的整體景觀輪廓。在城市整體景觀輪廓中，城墻作爲封建制度下加强王權的標志，既用于禦敵又用于守民的目的，其藝術形象亦因其自身的女墻、雉堞、敵樓等等有規律的排布體現出一種整體韵律，使具有等級秩序的空間呈現出沉穩的基調。强烈的視覺效果、韵律變化中的整體空間輪廓，使整個城市空間界面清晰，呈現出浪漫情調中的理性整體特徵。

第二，秩序感。中國古代城鎮空間忠實地反映了平面布局的邏輯關係，居于中部的建築體量大，空間尺度相應較大，而四周建築體量相對小、密度大，因此，城市空間呈現出由内而外、由中而兩側的一種遞減關係，即體現中尊的秩序感。由于城市中由内向外所呈現的高大體量建築所占空間比例與大量民居等其他較爲平緩的建築所占平面的比例是和諧的，它所體現出來的控制感使人可以明確地把握城市空間的整體規模。由于中國建築有運用邏輯推理的特性，因此對中國古代城鎮而言，空間藝術整體構架所呈現的秩序性是普遍的。

第三，内向性。中國古代城鎮空間内向性是顯而易見的。這種内向性是由最初的防禦心理發展而形成的，或者可以説是空間防禦性的後期階段產物。

城市中最基本構成單元的『院』，本身由院墻及建築圍合而具有内向性，以至形成整個城市空間包括城墻在内的城市整體空間的防禦性，賦予城市空間具有内向性品質特徵。它的淵源應該是農耕聚落時期最利于防禦的向心式空間布局形式。

色彩、比例

色彩在中國古代不僅被看作是一種審美的對象，更有著倫理的内容。早在春秋戰國時期色彩就有倫理上的等級觀念。如《禮記》中説春秋戰國時期『楹，天子丹，諸侯黝，大夫蒼，士黄』[三二]。以後，相繼沿用這種規則，把建築色彩烙上了各種倫理的調子。宮殿必用黄、紅，而庶民衹能用灰素雜飾。在城市空間各個角落浸透著倫理和禮制，色彩的倫理意義是不可避免的，并體現在所有建築細部。例如彩畫、窗門形式、雕刻内容等等的文化和象徵内涵都具有倫理意義。

一般説來，比例衹是抽象的關係，但中國傳統建築却能使人從抽象的比例中知覺到具

象的美。《禮記》規定：『天子七廟，諸侯五，大夫三，士一』[三二]；『天子堂九尺，諸侯七尺，大夫五尺，士三尺』[三三]。唐制：『三品以上堂舍不得過五間九架，廳廈兩頭門屋不得過三間五架，四、五品堂舍不得過五間七架，門尾不得過三間兩架，六、七品以下堂舍不得過三間五架，門屋不得過一間兩架。』[三四]。這些是體現在具體的體形上的比例關係，體現出一種規範的齊整性。這種比例上的倫理等級也是中國古代城鎮空間藝術所體現出的理性的和諧美的因素。

清式建築柱高一丈，出檐三尺，面闊與柱高之比爲一·二比一。檐步椽子斜度一比〇·五，頂部一比〇·九，中間遞減。這些體現在各個部位上的比例關係使建築具有規範性，符合一定的倫理。而建築立面也因開間由中間向兩邊遞減從而產生了與平面呼應的中尊關係。

不少建築的比例關係還有很深刻的象徵意義。例如天壇圜丘的地面中心一塊圓石，第二周鋪九塊，第三周十八塊，直到九周八十一塊。這個等比數列就包含著『陽九』，也就是天的意義。又如唐朝修建明堂曾經提出了非常繁瑣的比例關係，每種關係又都有所象徵；堂心八柱代表『河圖』八柱承天，四輔柱代表四輔星，第一層二十柱代表天五地十與五行之和，第二層二十八柱代表二十八宿，第三層三十二柱代表八節、八政、八鳳、八音和[三五]。

可見，凡成熟的建築造型，都能使人通過知覺獲得鮮明的比例美感。而這種包容著社會的、倫理的、宗教的以及技術內容的比例美，又大大加深了美感的深度和廣度。

城市意境

『意境』是中國古典美學範疇中具有民族特色的範疇之一。指的是詩（詞）、畫、戲曲以及園林等藝術門類中，匠心獨運的手法熔鑄所成，情景交融，虛實統一，能深刻表現宇宙生機或人生真諦，從而使審美主體之身心超越感性具體，物我貫通，進入無比廣闊空間的藝術化境[三六]。

意境範疇具歷史性，內涵多層次，其深層次乃『境生于象外』達到『言有盡而意無窮』。中國古代城鎮空間藝術其功能性質和建築背景信息，對城市意蘊的內在制約是極爲重要的。由于其豐富的人文內涵，而使城市空間藝術內蘊往往具有表現性的氣氛和意味，帶有一種顯著的朦朧性、寬泛性和不確定性。

中國古代城鎮空間藝術表現的意境，是以城市及建築意象和組成環境的其他要素意象

爲載體。因而城市意境構成要素具有豐富性，它包括城市軸綫空間、街道、殿臺、樓閣、廳堂、亭榭、洞門、漏窗等城市自身的空間意象等實體意象，還包括室外環境、園林、叠山理水、蒔木栽花等人工景物意象，以及建築周圍的林、泉、丘壑等自然景觀意象。這些意象由宮殿爲首的宮式建築體現出一種諸如禮制秩序等理性化的意境，以民間建築和園林等建築體現出市民或世俗生活的浪漫意境，以及基于此的上升到更高的『神外之韵』，共同構成了城市意象的豐富性。尤其是山水自然環境要素和城市的有機結合形成和諧的環境美意象，構成中國城市意境的特色。

中國古代城鎮空間藝術整體構架的意境還綜合了其他藝術手法，例如楹聯、題匾使城市空間及建築具有『詩情畫意』的意境，成爲詩文之美、工藝美與建築美、自然美的融合體，使城市意境升華到文學、詩的境界。這種調度文學意象來詩化、深化、美化意境的做法，是中國城市意境的獨特傳統，又一特色。

中國古代建築作爲城市空間的重要元素的審美功能，不僅僅在于取得感觀上的愉悦，更重要的是要起到助人倫、美教化、規範社會秩序、維護統治權威的作用。也就是説，它始終貫穿著使城鎮空間建築藝術具有鮮明的社會性、政治性和倫理性。在我國古代城鎮建築藝術的形象創作中特别重視它的社會内容，它的象徵涵義和涵義的表達力量。這些對城鎮空間藝術具有莫大的影響。

在城市意境創作上，『風水』的整體有機自然觀，不僅造就了中國傳統建築和景觀的獨特風格，而且形成了具有東方特色的城市意境。而這種城市意境是與中國人的傳統審美心理和美學標準是一致的，即『温柔敦厚』，『中和』的一種意境，它不僅是一種形態的具體體現，更爲重要的是它體現出了深層的哲理内蘊。

附注：

〔一〕《西京賦》，張衡。

〔二〕《中國城市手册》，朱鐵臻，經濟出版社，一九八七年版。

〔三〕《中國城市手册》，朱鐵臻，經濟出版社，一九八七年版。

〔四〕轉引自《建築歷史研究》，賀業钜等著，中國建築工業出版社，一九九二年版。

[五]《中國古代都城制度史研究》，第五頁，楊寬，上海古籍出版社，一九九三年第一版。

[六]側夾夯築法：以木棍穿過兩側夾板，用繩固定，然後在中間填土夯打；夯實一層後，將夾板升高，另以棍固定，原來夯入土中的棍，留置不動，至今城牆尚有木棍腐朽後留下的棍洞和木灰。

[七]《禮記正義》卷三十一《時堂位第十四》，《十三經注疏》影印本，中華書局，一九七九年版。

[八]《明堂美學觀》，《理性與浪漫的交織——中國建築美學論文集》，王世仁，中國建築工業出版社，一九八七年版。

[九]《明堂陰陽錄》據《太平御覽》第三冊卷五三三第二四一八頁，《禮儀部十二・明堂》中華書局影印本，一九六〇年版。

[一〇]《大戴禮記》卷八《明堂第六十七》，據王聘珍《大戴禮記解注》第一四九頁至一五二頁，中華書局，一九八三年版。

[一一]轉引自《百子全集》第六冊《白虎通》卷《闢雍》，浙江人民出版社，一九八四年版。

[一二]轉引自《中國文明起源的比較研究》第一五八頁，王震中，陝西人民出版社，一九九四年十一月第一版。

[一三]《周禮・儀禮・禮記》《禮記・郊特性第十一》第三八二頁，岳麓書社，一九八〇年七月第一版。

[一四]《周禮・儀禮・禮記》《禮記・郊特性第十一》第三八二頁，岳麓書社，一九八〇年七月第一版。

[一五]《左傳》成公十三年。

[一六]《左傳》昭公二年。

[一七]《周禮》大祝。

[一八]《左傳》昭公十八年。

[一九]《管子》小問。

[二〇]《左傳》定公六年。

[二一]《周禮・冬宮》。

[二二]《周禮・春宮》。

[二三]《禮記・祭義》。

[二四]《禮記・祭法》。

[二五]《尚書・甘誓》。

〔二六〕轉引自《中國文明起源的比較研究》第三六六頁至三一七頁，王震中，陝西人民出版社，一九九四年十一月第一版。

〔二七〕轉引自《中國古代都城制度史研究》第一九四頁，楊寬，上海古籍出版社，一九九三年第一版。

〔二八〕《同禮・儀禮・禮記》《禮記・郊特性第十一》第三八二頁，岳麓書社，一九八〇年七月第一版。

〔二九〕《城・市・城市》，董鑒泓，《城市規劃匯刊》，一九八四年一月。

〔三〇〕轉引自《理性與浪漫的交織——中國建築美學論文集》第二十二頁，王世仁，中國建築工業出版社，一九八七年版。

〔三一〕《禮記正義》卷三十一《時堂位第十四》《十三經注疏》影印本，中華書局，一九七九年版。

〔三二〕《周禮・儀禮・禮記》中《禮記・王制第五》第三三三頁，岳麓書社。

〔三三〕《禮記正義》卷二十三《禮器》第一四三一頁。

〔三四〕載《唐會要》上册，卷三十一《輿服上・雜錄》第五七五頁，中華書局，一九五五年版。

〔三五〕轉引自《理性與浪漫的交織——中國建築美學論文集》第三十七頁，王世仁，中國建築工業出版社，一九八七年版。

〔三六〕《境生象外》第五十八頁『意境論』，韓林德，生活讀書新知三聯書店，一九九五年版。

圖版

一　東門城墻全景

二　唐大明宫含元殿遗址

四　唐大明宫麟德殿柱礎

三　唐大明宫麟德殿遺址

六　敵臺

七　敵樓

五　城墻一景

八　西南角臺

九　角楼

一〇 女墙

一一 海墁

一二　流水槽

一三　登城馬道

出租照像机
一分钟照像
HuaMei

一五 長樂門全景

一四 魁星樓

一七　長樂門門洞

一八 長樂門瓮城

一六　長樂門正樓

一九　長樂門箭樓

二〇　永寧門正樓

二一　永寧門城門洞

二二　永寧門瓮城

二三　永寧門閘樓、吊橋

二四　安定門遠眺

二五　安定門箭樓

二六　安定門箭樓

二七　安遠門箭樓

古城第一門
安遠門

二八　安遠門雙重門洞

二九　安遠門瓮城

三〇　安遠門瓮城

三一　護城河

三二　鐘樓

三三　鐘樓

三四　鼓樓

三五　西安碑林

三六　西安碑林牌楼

三七 西安碑林孝經碑亭

三八　大梁門-西門

四〇　山陝甘會館

三九　古城墻

四一　會館牌樓　　四二　大堂檐口（後頁）

四三　鐵塔

四四　鐵塔滴水挑檐

大相國寺

四六　相國寺院落

四五　相國寺

四七　相國寺八角殿

四八　龍亭

四九 龍亭嵩呼

五〇 龍亭大殿

五一 龍亭大殿挑檐

古吹臺

五三　古吹臺禹王廟院門

五二　古吹臺

五五　延慶觀

五四　古吹臺乾隆御碑亭

五六　延慶觀主體建築

五七　延慶觀細部

五九　繁塔佛像磚

六〇　依山傍水南京城

六一　中華門

六二　中華門

六三　中華門

六四　中華門

六五　中華門

六六　臺城

六七　臺城

六八　臺城

六九　臺城

七〇　臺城

七一　臺城

七二　明故宫

七三　明故宫午門

七四　明故宫五龍橋

七五　明故宫五龍橋

七六　石頭城

七七　石頭城

七八 鼓樓

七九　鼓楼

八〇　鼓楼

八一　夫子廟

八二　夫子廟

八三　貢院明遠樓

明遠樓
古代最大考场
南贡院
玩具水族渔具世界

八四　朝天宫

八五　朝天宫全景

八六　朝天宫泮池

八七　朝天宫欞星門

道貫古今
南京氣功科學研究會
健身院
NANJING QIGONG INSTITUTE

八九　朝天宮大成門

八八 朝天宮牌樓

九〇　朝天宫大成殿

九一　元大都城墻遺址

九二　正陽門城樓

九三　正陽門箭樓

九四 正陽門箭樓

九五 正陽門箭樓

九六 德勝門箭樓

九七 德勝門
箭樓内景

九八 東南角樓

九九 北京城南北中軸綫景山——鼓樓

一〇〇 鼓樓

一〇一 鐘樓

一〇二 北京觀象臺

一〇三 紫微殿

一〇四 國子監

一〇五 闢雍

一〇六 闢雍旁水池

一〇七 國子監彝倫堂

一〇八 北京孔廟

先师孔子行教像

一〇九 孔廟大成殿

一一〇 北京胡同

一一一 北京胡同

一一二 平遥城滄桑古韵

一一三 平遥古城墻馬面及敵樓

一一四 平遥古城墻之敵樓、宇墻

一一五 平遥城墙東北角樓

一一六　平遥城墙西北角楼

一一七 平遥城墙流水槽

一一八 拱極門（北門）正樓

一一九 拱極門正樓

一二〇 拱極門正樓木作

一二一 拱極門瓮城

一二二 護城河

一二三 護城河

一二四 鳳儀門（下西門）正樓

一二五 鳳儀門（下西門）全景

一二六 永定門（上西門）瓮城

一二七 親翰（下東門）

一二八 太和（上東門）

一二九 市楼

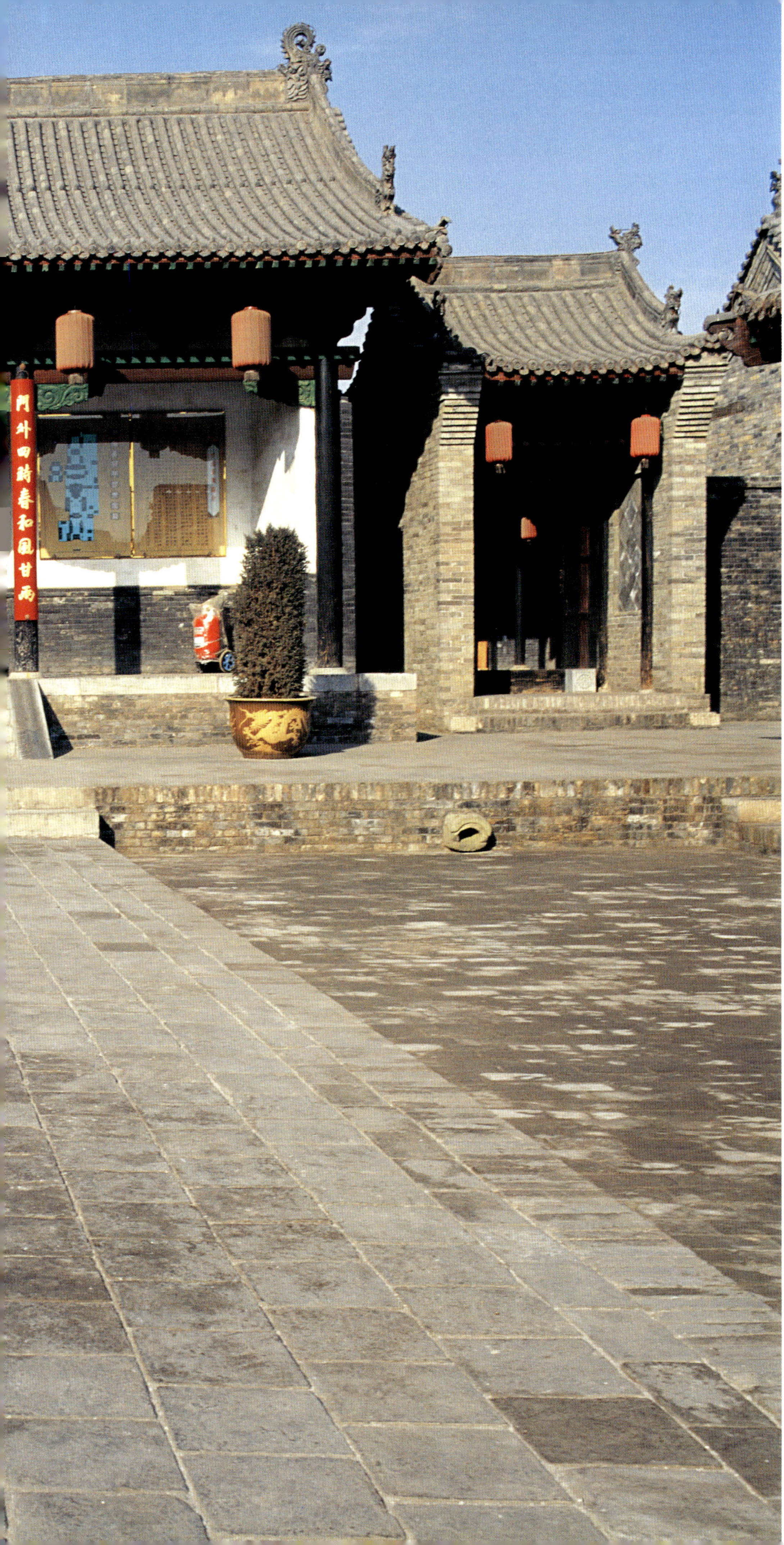

一三〇 縣衙

儀門
案内三尺法烈日嚴霜

一三一 縣衙正堂大院

一三二 縣衙二堂大院

一三三　縣衙老院大仙樓

一三四 縣衙内甬道

一三五 縣衙花園

一三六 贊侯廟廟門

一三七 贊侯廟獻亭

一三八　贊侯廟庭院

一三九 城隍廟

一四〇 城隍廟山門

一四一 城隍廟山門

一四二 城隍廟鐘鼓樓

一四三 城隍廟戲樓

一四四 城隍廟戲樓木作

一四五 城隍廟正殿

一四六 城隍廟正殿門廊木作

一四七 城隍廟游廊

一四八 城隍廟内財神廟

一四九　城隍廟内財神廟院

一五〇　城隍廟財神廟戲樓

一五一 城隍廟内竈君廟

一五二 城隍廟竈君廟内院

一五三 清虚觀牌樓

一五四 日升昌票號

一五五　日升昌票號舊址堂屋柱廊

一五六 日升昌
票號舊址偏院

一五七 百川通票號

一五八 百川通票號舊址堂屋柱廊

一五九 民居

一六〇 民居

一六一 絳州三樓

一六二 絳州大堂

一六三　绛守居園池

一六四　絳州寳塔

一六六 鼓樓

一六五 鼓樓

一六八 樂樓

一六七 鐘樓

一六九 樂樓

一七〇 文廟大成殿

一七一 城墻

一七二 東城門

一七三 南門瓮城

一七四 榆林城東南角樓遺址

一七五 城墙排水口

一七七 榆林城萬佛樓

一七六 榆林城新明樓

一七八　榆林城南凌霄塔

一七九 榆林鎮北臺

一八〇 榆林明長城遺址

一八一 明長城遺址神木段

一八二 户縣鐘樓

一八三 韓城文廟

一八四 文廟石橋

一八五 文廟大成殿

一八六 文廟大成殿龍檻

一八七 文廟五龍壁

一八八 文廟五龍壁細部

一八九 韓城古街景

一九〇 魏長城遺址

一九一 合陽文廟

一九二 合陽文廟藏經閣

一九三 合陽文廟外觀

一九四 澄城縣樂樓

一九五 澄城樂樓

一九六 澄城樂樓側樓頂部

一九七 澄城樂樓局部

一九八 澄城老街一隅

一九九 蒲城文廟

二〇〇　蒲城文廟拴馬樁

二〇一　蒲城文廟琉璃浮雕照壁

二〇二 蒲城文廟琉璃浮雕照壁雕飾

二〇三 蒲城文廟琉璃浮雕照壁雕飾

二〇四　三原縣城隍廟

二〇五　城隍廟照壁

二〇六 城隍廟内院落

二〇七 三原城隍廟木牌樓

二〇八 三原城隍廟牌樓斗栱

二〇九 三原城隍廟鐘樓

二一〇　三原城隍廟鼓樓

二一一　天水紀信祠

二一二 天水紀信祠牌坊斗栱

二一三 天水伏羲廟先天殿

二一四 先天殿

一畫開天

二一五 伏羲廟牌樓

二一六 伏羲廟牌樓細部

二一七 龍鳳呈祥木雕

二一八 龍鳳呈祥木雕

圖版説明

西安城

一 東門城墻全景

西安明城在隋唐皇城基礎上，經明初擴建重修及明中後期與清代的多次修葺改建，構築堅固，防御嚴密，氣勢雄偉。

西安城奠基于隋開皇二年（五八二年）至開皇三年（五八三年）所築大興城（即後來唐長安城）的皇城。五代宋金元相沿爲府城。明洪武二年（一三六九年）改稱西安府。洪武三年（一三七〇年），明太祖朱元璋分封次子朱樉爲秦王，爲加强西北重鎮西安的防衛和準備秦王就藩，下旨擴建西安城，以唐末新城爲基礎，擴大了城區的範圍，平面形制爲一横長方形。全城面積包括城墻厚度在内較原隋唐長安皇城擴大了一倍有餘，鞏固了防禦體系。清代城垣範圍與形制上因明之舊，曾在城區建立滿城，城墻防禦工程上亦多次修葺。

二 唐大明宮含元殿遺址

大明宮是唐京都長安的皇室殿宇，建築規模恢宏雄偉，占地面積三・五平方公里，唐王朝共有十九代皇帝在此聽政。是二百餘年間的政令中樞。位于龍首原南沿，始建于貞觀八年（六三四年），高宗龍朔二年（六六二年）又經改修。前朝後寢，中軸對稱，窮極華麗。唐末毁于兵燹。

含元殿遺址臺基東西長七五・九米，南北寬四一・三米，殿面寬十一間，進深四間，間寬五・三米。其殿址南北長一三〇多米，東西寬七十餘米。殿的東南和西南分别建有翔鸞閣和栖鳳閣，兩閣相距一五〇米，遺址高出平地十五米，均在北側設廊道與含元殿相接。

三 唐大明宮麟德殿遺址

麟德殿是大明宮内最大的宮殿建築群，周繞迴廊，分前殿、中殿、後殿三部分，典籍中常稱之爲『三殿』，它和鬱儀樓、結鄰樓、東亭、西亭、會慶亭等附屬建築渾爲一體，東倚波光荷影的太掖池，西望右銀臺門外的皇家園林，地勢高闊，渾然天成，是大型的政宴以及外事活動場所。大殿建在南北長一三〇米，東西寬七十七米的基壇上。結構布局顯示了唐代宮殿建築的藝術風格。

四　唐大明宮麟德殿柱礎

五　城墻一景

西安城墻是我國現存規模大而又較完整的一座明清城垣建築。明代初期，西安城在奉元城即唐末新城的基礎上進行了擴建和改建，基本奠定了今西安城的規模。明初建造的城墻爲夯築土城，構築十分堅固，城墻上嚴密的防禦工程包括角臺、角樓、敵臺、敵樓、宇墻、垛墻、垛口等組成部分，同時城墻四面各開一門，瓮城、月城、城門正樓、箭樓與閘樓等形成嚴密的城池防禦體系。隆慶二年（一五六八年）修葺城垣，始給城墻外壁用磚加固。乾隆四十六年（一七八一年）修葺了城墻，對城墻及其構築物進行了全面整修和加固。

六　敵臺

敵臺是城墻向外凸出墻體部分，用以三面防敵的建築。明清西安城墻，每隔一二〇米修有一座伸出城墻的二十米寬，十二米長，高與城頂齊的敵臺。敵臺正面的垛墻不開垛口，左右垛墻高出二尺，可以防止城下矢彈傷人，提高了城墻的防守功能。

七 敵樓

敵樓即建築在城墻敵臺上的城樓。明初重建的西安城墻，在敵臺上均建敵樓。敵樓爲歇山式重檐二層樓式建築。用以駐守士兵、觀察敵情、狙擊敵人進攻，是城墻防禦工程的重要組成部分。

八 西南角臺

角臺是城墻四隅轉角處凸出墻體的實心臺。明清西安城墻爲横長方形，四城角各有一角臺，角臺上各建一角樓，用以駐守士兵，爲城墻防禦工程建築。四城角中，東南、東北、西北三城角爲直城角，外建正方形角臺，西南角臺形制獨异，爲圓形。

九 角樓

角樓是城墻四隅角臺上的樓閣建築。角樓有守城將官駐屯，戰時輔助城樓作戰，監守四方，爲城墻重要防禦工程設施。明清西安城墻四角臺，各建有一座角樓。明洪武七年至十一年（一三七四年至一三七八年）拓築城墻時始建。明清西安城墻四角樓的建築形制不完全相同。現西安城墻東南、東北、西北三座角臺上，均恢復建有角樓。

一〇 女墻

明清西安城墻頂部内外沿皆築有女墻。明代西安城墻的垛墻成『品』字形，垛墻中都留有一個高寬九寸，外方内圓的懸眼，作瞭望、射擊之用。垛墻脚下也留懸眼，專供射擊使用。在垛墻的頂部和垛口施『山』字形的封頂磚，以禦攀援之敵的飛繞和搭梯。其便于瞭望和射擊，但却不够牢固，易爲攻城敵人拉塌。

一一 海墁

海墁即城墻頂部的平面。清乾隆四十六年（一七八一年）修葺西安城時，同時改建了海墁。爲了便于交通和防止城墻頂部受雨水浸泡，先于海墁填夯土，上面再平鋪兩層城磚，并統一全城海墁内傾斜皆約五度，以便雨水盡快導入城内側的流水槽。

一二 流水槽

流水槽是西安城墻的排水構築物。清乾隆四十六年（一七八一年）修造。流水槽爲磚石結構，附貼于城墻内壁，從城頂直立達于城基。槽頂有石製吐水嘴，下有滴水石，與溝渠相通。城頂的雨水順内傾的海墁可迅速流入吐水嘴，水流沿槽而下至滴水石後，再散進陰溝流去。流水槽可防止城墻墻體被水浸泡，對保護城墻起了重要作用。

一三　登城馬道

四城門内城樓左側原各建一處階梯登城道，一九五〇年修環城盤道時均移建于各瓮城内。

一四　魁星樓

魁星樓是祭祀魁星（古代神話傳説中主宰文運的神，或稱奎星）的建築。樓爲二層四角攢尖式建築，高五丈一尺，尖頂甍宇，重檐雕欄，華貴壯觀。木結構樓閣建築。有正方形臺基，樓身二層，周迴廊柱，東、西兩面設拱形門兩洞，四面無窗，頂施琉璃瓦，二重檐，檐下均施斗栱，飾花卉彩繪。

一五　長樂門全景

長樂門是明清西安城東城門，位于東城墻中部偏南。明洪武七年至十一年（一三七四年至一三七八年）拓建西安城墻時新築，西與西城門安定門東西相對。門上建有城樓，門下開有用城磚券砌而成的一圓拱式門洞。門外築有瓮城、月城，上建箭樓、閘樓，層層包拱相衛，組成城門的嚴密防禦工程。長樂門是明清西安城東面進出的惟一門户。

一六 長樂門正樓

明清西安城長樂門城樓，初建于明洪武七年至十一年（一三七四年至一三七八年），弘治十四年（一五〇一年）地震中受損，後經多次修葺。正樓位于內城長樂門門洞之上，爲二層三重檐歇山式高大建築，是城門防禦體系的主體工程，戰時爲主將坐鎮指揮的指揮所。

一七 長樂門門洞

城磚券砌而成的圓拱式門洞。

一八 長樂門瓮城

長樂門瓮城是明清西安城東門外拱衛城門的小城。東門瓮城于明洪武七年至十一年（一三七四年至一三七八年）拓築城墻時建，後經明中後期及清代多次修葺。瓮城內南北長六六·七米，東西寬四九·四米，橫長方形。瓮城墻磚表土心，高十二米，與大城墻齊，立有女墻，拱包大城城門，兩側與大城墻相接。東、南、北三墻各開一門，正瓮門在東牆正中，直對城門，其拱券形門洞上建有高大的箭樓。

一九　長樂門箭樓

長樂門箭樓是明清西安城長樂門瓮城門樓。明洪武七年至十一年（一三七四年至一三七八年）建，明中後期及清代多次修葺。箭樓坐落于瓮城東面瓮門之上，與内城正樓東西相對。樓爲歇山式磚砌建築，面寬十一間，進深二間，建築十分高大堅固，正面樓壁及兩側山墻開箭窗。

二〇　永寧門正樓

永寧門爲明清西安城南城門。位于南城墻中部偏西，原隋唐長安皇城南面偏東門，名安上門。明洪武七年至十一年（一三七四年至一三七八年）拓築西安城墻，此門沿用爲南城門，易名永寧門。

明清西安城永寧門城門樓。此門原爲隋唐長安皇城與唐末改築新城的安上門，門上原建有城樓，歷經五代宋金元時期。明洪武七年至十一年（一三七四年至一三七八年）拓築西安城墻時重建，後又經嘉靖五年（一五二六年）及後清代多次修葺，此樓坐落于永寧門門洞之上，爲二層三重檐歇山式建築，建築形制同于東門正樓。

二一　永寧門城門洞

磚砌拱券形門洞，門洞通長三十米，以安門處爲界分爲内外兩段。内外長度不等，安有城門兩扇，城門門扇用厚木板製成，木門扇上，從上到下横箍著鐵筋加固。在兩道鐵筋的間隔處，釘棱攢頂的鐵蘑菇釘增加了門扇的剛度，使箭矢難以射中木門，加强了城門的防護能力。

二二 永寧門瓮城

明清西安城永寧門外拱衛城門的小城。明洪武七年至十一年（一三七四年至一三七八年）築，清康熙元年（一六六二年）及乾隆四十六年（一七八一年）曾多次修葺。位于大城城門之前，磚表土心，横長方形。南面正墻中央建有箭樓，但下不開正瓮門，而于東西墻靠近大城處各開一偏瓮門，均爲拱券形門洞。

二三 永寧門閘樓、吊橋

永寧門閘樓係明清西安城永寧門月城門樓，月城是永寧門外拱衛屏蔽瓮城的小城。建于明洪武七年至十一年（一三七四年至一三七八年），明中後期及清代多次維修。閘樓亦稱炮樓，建于月城門洞之上，前臨護城壕，爲南面入城第一關口。樓身以青磚通砌而成，二層，兩側山墻上部及正面建箭窗。閘樓面寬三間，屋頂爲懸山形式。正面樓壁與月城墻結爲一體。

吊橋是設在城門外城壕上的橋，亦作『釣橋』。在入四城門前的護城壕上，皆架有可以起落的吊橋，由城壕前沿月城閘樓士兵掌管。吊橋是古時出入城的惟一通道，爲城防工程的重要設施。

二四 安定門遠眺

明清西安城西城門，位于西城墻中部偏南，北至西北城角五百三十丈（二里三百四十步），南至西南城角三百丈（一里二百四十步）。原爲隋唐長安皇城西面中門順義門，唐末新城，封閉原西面偏北門安福門而保留此門爲西城門，爲五代宋金元明清府城所因，明初易名爲安定門。

二五　安定門箭樓

二六　安定門箭樓

安定門箭樓是明清西安城安定門瓮城門樓。明洪武七年至十一年（一三七四年至一三七八年）建，明中後期及清代多次修葺。位于瓮城正瓮門之上，爲歇山式磚砌建築。面寬十一間，進深二間，歇山屋頂，素面清水脊，覆蓋筒板瓦。檐部施勾頭滴水。正面單檐，檐下施斗栱。檐下樓壁和兩側山墻均開箭窗，背面爲重檐三滴水。檐下及平座均施斗栱。底層有明廊迴柱，廊深二·四米。建築形制基本同于其他三門箭樓。

二七　安遠門箭樓

明清西安城北城門箭樓，明洪武七年至十一年（一三七四年至一三七八年）拓築西安城墻時新建，嘉靖五年（一五二六年）修葺，清乾隆四十七年（一七八二年）重修。位于瓮城正北墻門洞之上，與內城正樓南北相對。樓爲歇山式磚砌建築，面寬十一間，進深二間，建築高大堅固。樓身正面與兩側，修築有供射擊用的箭窗。建築形制同于其他三城門瓮城箭樓。

二八　安遠門雙重門洞

拱券形門洞，通長三〇・八米，以安門處爲界分爲內外兩段。

二九　安遠門瓮城

三〇　安遠門瓮城

安遠門瓮城是明清西安城安遠門外拱衛城門的小城。明洪武七年至十一年（一三七四至一三七八年）建，明中後期及清代多次修葺。瓮城磚表土心，高與大城齊，上立女墻，橫長方形，瓮城內東西長七〇・五米，南北寬四七・七米。瓮城北面惟開一正瓮門，無左右側瓮門。門洞爲拱券形，有木門兩扇。瓮門上建箭樓，與城門正樓相對。

三一 護城河

西安城墻外圍所掘環繞一周的水壕，用以阻隔敵人，固守城防。唐末天祐元年（九○四年）築新城時，修掘了護城河，并爲五代、宋、金、元及明初城所因。明洪武七年（一三七四年）在向東、北兩面拓築西安城時，亦拓掘了護城河。拓掘後的明代西安護城河，位于城墻外側二十米至六十米，壕深二丈，廣八尺，環城一周，共長四五○○丈。護城河內沿築有高六尺、厚二尺的壕墻一道，外逼壕塹，內爲夾道，以增强護城河的防禦作戰能力。

三二 鐘樓

昔時每晨擊鐘向居民報時而稱鐘樓，其在城市安全防務中也兼具指揮中樞功能，戰時與東西南北四城樓遥相呼應，起著瞭望、聯絡、指揮等作用。初建于明洪武十七年（一三八四年），在今西安西大街廣濟街口原奉元城鐘樓舊址，正統五年（一四四○年）修。萬曆十年（一五八二年）遷建于今址，即府城向東擴展後的城中心。後又經清康熙三十八年（一六九九年）、乾隆五年（一七四○年）相繼修葺。從此，鐘樓巋立于通達城門的四街交匯點，形成了西安城以鐘樓爲中心，東西南北四條大街向外輻射的主要城市格局。

三三 鐘樓

三四 鼓樓

位于西安城内西大街鼓樓西北，東西横跨于北院門街的南段，東距鐘樓二五〇米。明洪武十三年（一三八〇年）建，正統五年（一四四〇年）與清康熙三十八年（一六九九年）、乾隆五年（一七四〇年）先後重修。樓北架有一面大鼓，稱『聞天鼓』，每日傍晚擊鼓報時，與鐘樓共起『晨鐘暮鼓』的作用，稱鼓樓。在城防治安上亦用于擊鼓報警，配合鐘樓起著與四城門樓聯絡的作用。

三五 西安碑林

目前國内集中收藏古代碑刻數量最大、歷史最久的一處碑林，堪稱儒家典籍的石質圖書館和内容豐富的史料檔案庫，是中國古代書法藝術和石雕藝術的寶庫。它形成于唐末至北宋三次遷置唐《開成石經》的過程中，距今已有九百餘年。最初稱『碑院』，自明萬曆年間始有『碑林』稱謂，是由原來的文廟、府學和唐石經碑刻遷建而成，歷代均有整修。在明嘉靖三十四年（一五五六年）關中大地震中遭受巨大破壞。清乾隆三十七年（一七七二年）重新規劃和改建了碑林建築。

三六 西安碑林牌樓

三七　西安碑林孝經碑亭

開封城

三八　大梁門－西門

開封位于河南的東部平原，雄踞黃河南岸。春秋戰國時期，鄭莊公在這裏修築一座儲存糧食的倉城，取『開拓封疆』之意，古城距今已兩千七百多年的歷史。今開封城，是明朝政權建立後，改汴梁爲開封府。洪武十一年（一三七八年），朱元璋封第五子爲周王，駐開封。明初的開封城是在北宋東京開封的遺址上重建的，仍保持北宋東京的布局模式，清康熙元年（一六六二年），在明代城垣的基礎上，重建開封城，沿襲明代之舊。道光二十二年（一八四二年）重修開封城墻，周長二十八里許，城門五座，均有瓮城，城樓二層，三開間，重檐歇山。

三九　古城墻

開封城墻是在宋太祖開寶元年（九六八年）重建京城的基礎上，明清兩代又重建，宋、明時期開封古城墻均因黃河水淹而埋于地下。今天現存的城墻是清道光二十一年（一八四一年）重修的。開封古城墻長二十八里，高三丈，寬一丈五尺有餘，內外巨型青磚包砌，墻頂外側一字排列著整齊的城墻垛和炮臺。

四〇 山陝甘會館

開封山陝甘會館，從清嘉慶十七年（一八一二年）至道光四年（一八四二年）至同治三年（一八六四年），經數十年始建成今天的規模，會館的主要建築物，從南向北有照壁、戲樓、牌樓、正殿，將院落分爲三進四合院，整個建築均爲黃綠色琉璃瓦覆蓋。

會館門外照壁臨街，位于會館建築中軸綫最南端，高八．六米，長一六．五米，厚〇．六五米。大體可分爲臺基、墻體和屋頂三部分，係青磚砌成，上嵌著磚雕透空的山石、瓶盤、花果、鳥獸、人物等圖案。在照壁背面正中嵌有五尺見方的石雕，外方内圓，浮雕二龍戲珠，十二條小龍盤繞，外有花紋接邊石雕與磚雕圖像，刻工精細，形態生動，十分精美。

四一 會館牌樓

牌樓中樞高聳，左右夾鋪三間，六柱三樓。其平面布局爲三柱一組，三角頂立，呈鷄爪形，俗稱鷄爪牌樓，重檐歇山頂，中樞高出，左右檐降低。整個屋面曲綫緩和，樓檐層層叠叠，翼角高高翹起。上下檐部，各設昂栱，明間斗栱十一踩，次間九踩，牌樓每角均有垂花柱，共八根。牌樓兩根中柱和四根邊柱皆爲圓柱，中柱下有兩米高抱鼓石，中柱和每邊兩邊柱組成九〇度等腰三角形柱網。其力學構造和建築審美相得益彰，體現了中國優秀傳統和獨特的風格，具有很高的學術價值。

四二 大堂檐口

正殿是山陝甘會館的主要建築，位于會館最北中軸綫上，它由三座殿堂：拜堂、捲棚和大殿毗連而成，平面呈凸字形。拜殿面闊三間，捲棚和大殿均面闊五間。拜殿爲祭祀場所，歇山頂。後殿爲硬山頂。拜殿三間裝隔扇門，屋檐梁枋等處均飾以木雕彩繪，門扇上雕牡丹、菊花、水仙、石榴和梅花等花卉及如意頭、變形菱紋等圖案，臺基置漢白玉清式欄杆，三面環抱，宏偉壯觀。

會館突破明清時期等級規定和限制，在建築裝飾上創新發展，大膽地采用了祇有帝王纔能使用的龍鳳圖形作爲建築裝飾。山陝甘會館使用大量的磚、石、木材雕刻精品，國内極爲罕見。

四三 鐵塔

鐵塔是北宋建築，創建于宋皇祐元年（一〇四九年）。位于開封城內東北隅，是一座大型琉璃磚塔，因外部用褐色琉璃磚砌築而成，遠看顏色似鐵，故稱『鐵塔』。

塔高五五·八米，平面八角形，共計十三層，向上逐層遞減，層層開窗。一層北面爲塔門，二層爲南面，三層西面，四層東面，依次向上，均爲明窗，其餘皆爲盲窗。塔身挺拔，裝飾華麗，檐下風鐸叮噹。塔身遍砌褐色琉璃缸磚，頗具宋代建築輕盈秀氣的藝術風格。這種缸磚砌築的仿木結構磚塔，在國內極爲少見，是國內現存琉璃塔中最高大的一座。

四四 鐵塔滴水挑檐

四五 相國寺

相國寺位于開封市中心，創建于北齊天保六年（五五五年）距今已一千四百餘年。原名建國寺，後唐睿宗下詔書改建爲大相國寺，御筆『相國寺』。宋朝時大相國寺進入空前繁榮時期，是京都最大的佛教寺院，同時又是『皇家寺院』。今相國寺乃清順治十八年（一六六一年）和乾隆三十一年（一七六六年）下詔重修。現今的相國寺中軸綫上，由南而北，有大門、二殿、大雄寶殿、八角琉璃寶殿、藏經樓五重。大殿兩旁樓閣相對，配殿延綿北上和大門內的鐘鼓二樓，形成對稱的庭院式的寺院風格。現衹有藏經樓的歇山挑脊、出檐、斗栱、額仿和梁柱仍保持著宋明朝代的建築特色，其餘二殿，大雄寶殿、八角琉璃殿的擡梁斗栱、屋頂均爲典型清式建築。但歇山挑檐，檐出斗栱均似江南蘇杭玲瓏輕巧的古建築風格。開封的清代建築集北京和蘇杭風格特點于一身，形成特殊的中原古建風格。

四六　相國寺院落

四七　相國寺八角殿

四八　龍亭

龍亭一帶原是五代時期的後梁、後晉、後漢、後周的宮殿遺址。宋太祖登基後，在舊宮殿基礎上擴建宋皇宮，金末在宋宮殘基上重建宮室。明朝建成周王府，清康熙三十一年（一六九二年）在周王府遺址的煤山上修築一座萬歲亭，亭內陳設有皇帝萬歲牌，是地方官吏節日朝賀之處，故名龍亭。清雍正十二年（一七三四年）擴建爲規模宏大的萬壽宮，後又改爲道教的萬壽觀。現在的龍

亭大殿是清代建築，坐北向南，矗立在有七十二步石級的高臺之上，氣勢雄偉，大殿四周迴廊柱爲方柱。斗栱、挑檐均爲南式古建築做法，曲率大，挑檐細巧。該大殿爲江南建築工匠所建。臺階中央有精美的蟠龍石雕。

四九　龍亭嵩呼

五〇　龍亭大殿

五一　龍亭大殿挑檐

五二　古吹臺

古吹臺在開封城東南隅禹王臺公園裏。相傳春秋時期，晉國大音樂家師曠曾在此鼓吹奏樂，因此，後人將他奏樂的地方稱爲『古吹臺』。相傳漢代梁孝王加以擴建，時稱『梁園』。明代，建禹王廟，改稱禹王臺。禹王廟前建有兩層三間的御書樓，樓南邊的臺階下正面也立有木牌坊，上書『古吹臺』，爲清乾隆二十七年（一七六二年）修建的木牌坊。清道光二十九年（一八四九年）重建。

五三　古吹臺禹王廟院門

五四　古吹臺乾隆御碑亭

五五　延慶觀

延慶觀是爲紀念道教全真派始祖重陽真人王重陽而建的道觀。初名重陽觀。明洪武六年（一三七三年）改稱延慶觀。現存玉皇閣是當年遺迹之一，保留著元代的建築風格。

玉皇閣起初爲元代萬壽宮中通明閣，因損壞，明代予以改建，改名爲玉皇閣，是具有元代特徵的明代無梁閣，選型獨特，設計別具匠心，構思巧妙，外觀采用仿木結構，施以幾種色彩的琉璃瓦體，精緻華麗。

五六　延慶觀主體建築

五七　延慶觀細部

五八 繁塔

繁（音pó）塔真名爲興慈塔，位于開封城東南距城約三里，建于宋太祖開寶七年（九七四年），爲六角形樓閣式仿木青磚建築，每層檐部由斗栱承托。原木塔是五代後周顯純二年（九五五年）所建在繁臺上的最早寺院，是天清寺的一部分。

繁塔全身内外遍嵌佛磚，一磚一佛，形象生動，磚雕顯示了宋代雕刻藝術家的超人技藝。繁塔原來是一座六角形的九層高塔，極爲壯觀。現存繁塔不到原塔一半高，元末兵燹，寺塔俱廢。至明朝末年，拆除塔的上部僅留三層。清初，將塔頂整修成平臺，并在平臺中央建一座七層實心小塔。

五九 繁塔佛像磚

南京城

六〇 依山傍水南京城

依山傍水的城墻，山水城林交融，古迹勝景輝映，乃南京古城的特有風貌。明南京城興建于公元一三六六年至一三八六年，是在六朝與南唐都城基礎上擴建而成的，南京城墻東連鍾山，西踞石頭山，南貫秦淮河，北依鷄籠山和獅子山。充分利用複雜有利的地形，因地制宜，依山傍水，從防禦功能出發，構築了既非方形又非圓形的不規整城市平面，以及自然與人工相結合的城市空間藝術。

六一 中華門

明代南京城有城門十三座，中華門是其中規模最大、最雄偉壯觀的古代城垣杰作。中華門古稱聚寶門，因面臨聚寶山而得名。修建于元至正二十六年（一三六六年）至明洪武十九年（一三八六年），是在南唐都城正南門之基礎上擴建而成。中華門南面以秦淮河爲護城河，北面乃南唐御街，并以內秦淮河爲內塹，規劃上充分利用自然地勢之要，『一夫當關，萬夫莫開』。聚寶門是古代中國城市防衛設施營建之集大成者。整個平面爲『目』字形，由一道主城墻和三道瓮城墻連接而成，加强了聚寶門的防禦能力，聚寶門瓮城內創造性地構築了掩蔽軍隊之用的『藏兵洞』，以加强守衛力量。藏兵洞爲磚石拱券結構，裏端封閉。聚寶門中央爲拱形門洞，南北貫通。

六二 中華門

六三 中華門

六四　中華門

六五　中華門

六六　臺城

臺城在鷄籠山北，北臨玄武湖，爲六朝城池所在。朱元璋修建南京城時，曾打算利用六朝都城北墻，沿鷄籠山的鼓樓崗、清凉山延伸，然而修到鷄籠山北麓就突然中斷了，改而沿玄武湖的西北築城，于是形成了一段『丁』字形的十分獨特的城墻藝術品。

六七　臺城

六八　臺城

六九　臺城

七〇 臺城

七一 臺城

七二 明故宮

南京明故宮位于京城東隅，呈方形，北枕富貴山，南通正陽門（今光華門），是洪武、建文、永樂三代的皇宮，其形制是北京故宮的藍本。現故宮前朝三殿後連三宮等都已無存，惟留午門、東西華門殘基和石雕柱礎等遺迹。

午門爲宮城之正門，位于皇城中軸綫上，後可通三大殿。磚石結構，中有五券門洞，上覆重樓俗稱『五鳳樓』，今惟遺柱礎，午門之後爲內五龍橋。

七三 明故宫午門

七四 明故宫五龍橋

七五 明故宫五龍橋

七六 石頭城

石頭城位于南京城西，西瀕秦淮，依山而築，山名清凉，原稱石頭山。山本是峭立于江邊之天然石壁，赭色巨石逶迤雄峙宛如天然城垣。戰國楚威王始在此石頭山上築城，歷孫吳、南朝，皆有修築。當時石頭城緊依長江，地勢險要，乃兵家必爭之地。明洪武年間，石頭城成爲南京城整體之一部分，并保留了古代石頭城的規模。

七七 石頭城

石頭城上可望大江滚滚，石頭城下石崖峭立，墻磚聳叠，犬牙交錯，依山而築之狀昭然。城墻上有一塊凸出之石，壁猶如鬼臉，俗稱『鬼臉城』。

七八 鼓樓

鼓樓爲古時報時之用。南京鼓樓始建于明洪武十五年（一三八二年），後重建于明末清初。鼓樓選址于南京城中心之高崗上，依地勢而建，雄偉挺拔，成爲古代南京城的制高點和標志性建築之一。始建于明洪武年間的交通要道穿越其門洞，把城南城北聯係起來。其高約三十米，底座方整雄渾，有三個拱形門洞。上爲重檐歇山頂主樓。內嵌有八尺高巨碑兩通，乃明代遺物。鼓樓上建有二丈多高的戒碑以紀念康熙南巡金陵，故鼓樓又稱碑樓。

七九 鼓樓

八〇 鼓樓

八一 夫子廟

南京夫子廟地區是由文教中心發展而成的繁華鬧市，是古代南京的公共生活中心，它由孔廟（夫子廟）、學宮和貢院三大建築群及周邊區域組成。其間，酒樓店鋪畫舫林立，文人商客歌女雲集，可見繁盛。

孔廟前之廣場可謂整個夫子廟地區的中心。孔廟以秦淮河之擴大而爲泮池，前有照壁，東有透逸清朗的魁星閣，中有『天下文樞』木牌坊與欞星門，與大成門大成殿在一條中軸綫上。四面八方文人商客，藉秦淮之便，匯集于此。交通與城市空間之結合，實爲空間規劃之精華所在。在此，各種城市空間如牌坊、廊廡、亭閣、照壁與水面以及游船人流共同形成了有活力的城市公共空間。

八二　夫子廟

八三　貢院明遠樓

貢院乃古時科舉考試場所，爲夫子廟地區的主要部分之一。始建于明永樂年間。明遠樓高凡三層，下爲帶拱形門洞的底座。登臨四顧，整個貢院可一目瞭然，乃科舉考試期間監視考場和警戒發令之所，亦成爲古時秦淮兩岸的標志性建築之一，在城市景觀中頗顯重要。

八四　朝天宮

朝天宮建在南京城西南之冶城山上。初建于晉，南朝劉宋時爲總明觀，乃國家科研中心。北宋時爲文廟，元時爲玄妙觀、永壽宮。明洪武年間重修，始稱朝天宮，成爲帝王臣子學禮習儀之所。同治四年（一八六五年）在此修建爲江寧府學，現朝天宮就是那時的規模，基本上是古時文廟和府學的形制。

整個建築群爲南北向軸綫布置，宮墻圍繞，前院正南面嵌有磚刻『萬仞宮墻』四字，東西兩側各有一牌樓，上書『德配天地』、『道貫古今』門額。此東西牌樓與宮墻限定了一個可通過的前院空間。前院中央爲半圓形泮池，正面大門爲欞星門，往後第

二通院子兩廂爲廂房，中央是孔子像。而後依次是大成門、大成殿、崇聖殿。此爲文廟部分。文廟之東爲府學，是讀書、藏書之所。

八五　朝天宫全景

八六　朝天宫泮池

八七　朝天宫欞星門

八八　朝天宮牌樓

八九　朝天宮大成門

九〇　朝天宮大成殿

北京城

九一　元大都城墻遺址

今北京城是在元大都基礎之上改建的明清北京城，始于永樂二年（一四〇四年），永樂十八年（一四二〇年）基本完成。嘉靖三十三年（一五五四年）加修了外城，形成了明清兩朝北京城的最後規模。其皇城部分按照明南京城的體制，整體城市呈現以皇城爲中心，『左祖右社，前朝後市』的傳統格局

九二　正陽門城樓

正陽門俗稱前門，位于北京市中心天安門廣場南側，是明清兩朝内城的正門，原由城樓、瓮城和箭樓組成，瓮城已于一九一五年拆除。正陽門城樓爲歇山式建築，頂施琉璃，木作彩繪。

九三　正陽門箭樓

箭樓始建于明正統四年（一四三九年），爲歇山式磚砌建築，設有箭窗，建築高大堅固。

九四　正陽門箭樓

九五　正陽門箭樓

九六　德勝門箭樓

德勝門爲北京城九門之一，原由城樓、箭樓、瓮城組成，現僅存箭樓。明清兩朝軍隊出征或班師回朝均由此門出入。箭樓建于明正統四年（一四三九年），重檐歇山頂，平面呈凸字形，是防禦性建築，故在東西北三面及兩層檐間設有方形箭窗。

九七　德勝門箭樓內景

九八　東南角樓

東南角樓是明清兩朝北京內城東南角上的城防建築，位于現北京站東南處。建于明正統四年（一四三九年），後經多次維修，但均未改變其結構。角樓平面呈曲尺形，重檐七檁歇山頂。樓體外分四層，有箭窗。該樓是僅存的一座明代北京城角樓。

九九　北京城南北中軸綫景山——鼓樓

自景山至鼓樓城市中軸綫是北京城的整體藝術構架的核心，充分體現了古代『居中爲尊』的思想，强化了城市空間的整體性。

一〇〇 鼓樓

位于北京地安門外大街，建于永樂十八年（一四二〇年），是北京城的報時臺，爲無梁式磚石結構，三層，重檐歇山頂覆以灰筒瓦綠色剪邊。

一〇一 鐘樓

位于北京地安門外大街，原爲北京城南北中軸綫的北端。明永樂十八年（一四二〇年）始建，後毁于火，清乾隆十年（一七四五年）又重建。鐘樓是北京城的又一報時臺，爲磚石結構，建在一高大的城臺上，重檐歇山頂。鐘樓每面開一券門，四周設有漢白玉欄杆。

一〇二 北京觀象臺

北京古觀象臺，始建于明朝正統年間（約一四四二年左右），是世界上最古老的天文臺之一。它以建築完整、儀器精美、歷史悠久和在東西方文化交流中的獨特地位而聞名于世。明朝時被稱爲『觀星臺』，臺上陳設有簡儀、渾儀和渾象等大型天文儀器，臺下陳設有圭表和漏壺。清代時觀星臺改稱『觀象臺』，辛亥革命後改爲中央觀星臺。

一〇三 紫微殿

北京古觀象臺的附屬建築。

一〇四 國子監

國子監是我國元、明、清三代國家管理教育的最高行政機構和國家設立的最高學府。它始建于元朝大德十年（一三〇六年），明朝永樂、正統年間，進行過大規模修葺，清朝乾隆年間增建闢雍、東西碑亭、琉璃牌坊等建築，形成今日的規模。國子監整體建築群坐北朝南，中軸綫上分布著集賢門（大門）、太學門（二門）、琉璃牌坊，闢雍、彝倫堂，敬一亭等，是現存惟一的一座古代中央公辦大學建築。

國子監二門內大型琉璃牌坊是北京惟一一座專門爲教育設立的牌坊，牌坊共三開間，磚石結構，正反兩面横額均爲乾隆皇帝所題，是中國古代崇文重教的象徵。

一〇五 闢雍

闢雍是國子監的中心建築，它坐落于圓形水池的中央，建築呈正方形，重檐攢尖頂，是我國現存惟一的古代『學宮』，是皇帝『臨雍講學』的場所。

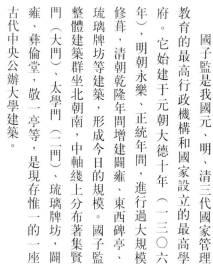

一〇六　闢雍旁水池

闢雍四周環水，水池呈圓形以漢白玉爲欄，每逢大比之年，準備參加科考的舉子紛紛來到這裏切磋學問，憑欄許願，以求金榜題名。

一〇七　國子監彝倫堂

彝倫堂是國子監藏書、授業的主要場所，在闢雍興建之前，皇帝到國子監視學時均在此設座。

一〇八　北京孔廟

北京孔廟位于安定門內國子監街，是元、明、清三代祭祀孔子的地方。孔子曾被尊爲『大成至聖先師』，故又稱先師廟。

孔廟始建于元代大德六年（一三〇二年），至今已有六百餘年歷史。明、清兩代屢經修葺、改建，到了乾隆二年（一七三七

年）大殿全部用黃琉璃瓦頂。光緒三十二年（一九〇六年），祭孔升爲大祀，又進行大規模修繕，原來正殿七間三進，改爲九間五進，工程直到民國五年（一九一六年）纔完工。孔廟占地約二萬平方米，有四進院落。主體建築順次爲先師門、大成門、大成殿、崇聖祠。其持敬門與國子監相通。

大成門是孔廟第二道大門，是主體建築之一。大成門五間，崇基石欄，中三門前後三出階，中爲螭陛，左右各十三級，門內懸鐘、鼓各一，并置石鼓十枚。

一〇九　孔廟大成殿

大成殿高大堂皇，重檐、廡殿頂，頂鋪黃琉璃瓦，臺基用白石欄圍繞，裏面放有孔子牌位、顏、孔、曾、孟『四配』及十二哲人。

一一〇　北京胡同

中國傳統北京四合院建築形成了特有的城市肌理，體現了宜人的城市尺度。

一一一 北京胡同

山西平遥縣城

一一二 平遥城滄桑古韵

平遥史稱『平陶』，古屬冀州，北魏改名『平遥』至今。平遥古城墻始建于西周（約公元前七七一年）前，明朝洪武三年（一三七〇年）擴建，明朝中、晚期均有修繕，後經道光末年與咸豐、同治、光緒各代五次大規模的重建整修。現平遥古城基本保持著明清時期的形制結構和建築布局特點，城區布局以南大街爲中軸，市樓爲軸心，體現了我國古代城市布局左廟右社、文武相遥、上下有序的城市建設特點。

一一三 平遥古城墻馬面及敵樓

城墻高度爲六至十米，墻身素土夯實，外包磚石，外墻每隔四〇米至一〇〇米左右，築有馬面，馬面上築有敵樓，呈方形，深闊三米餘，高近七米，供守城士兵休息用。環周設敵樓共七十二座（其中一座奎星樓在城東南角）。

一一四　平遥古城墻之敵樓、宇墻

内有女兒墻高〇．六米。外築垛口墻高二米，垛口三千個，距離匀稱，式樣整齊。

一一五　平遥城墻東北角樓

平遥城墻四角均築有角樓，攢尖頂，清水磚墻砌築。

一一六　平遥城墻西北角樓

一一七 平遥城墙流水槽

頂部鋪磚排水，經流水槽排出墻體。

一一八 拱極門（北門）正樓

重檐歇山頂城樓，施木彩繪。

一一九 拱極門正樓

一二〇　拱極門正樓木作

一二一　拱極門瓮城

一二二　護城河

環城墻外四周原有深闊各一丈的護城河，河水清澈見底，長年徑流不斷。在與六座城門相對的護城河上均建有吊橋。

一二三 護城河

一二四 鳳儀門（下西門）正樓

重檐歇山頂城樓，施木作彩繪。

一二五 鳳儀門（下西門）全景

銀岡書院

一二六 永定門（上西門）瓮城

一二七 親翰（下東門）

一二八 太和（上東門）

一二九 市樓

轟立于城中心，跨街三層木構，高二十五米，琉璃瓦頂，南『喜』北『壽』，玲瓏挺秀，异峰突起，俯瞰全城，被譽爲『金井市樓』。

一三〇 縣衙

平遥縣建置的政權機構——縣衙署，是元、明、清時期的平遥縣衙署，也是目前全國州、縣衙署中，布局及保存最完好的衙署。現存平遥衙署初建于元至正六年（一三四六年），明洪武三年（一三七〇年）重建，占地二六〇〇平方米。

衙署大門内有儀門，也稱禮儀之門，建于明萬曆四十七年（一六一九年），是一座用于强化封建禮制的建築物。儀門以内，庭院寬敞，正面爲配有月臺的大堂，高聳威嚴，是封建君主專制的象徵，呈『前堂後寢』格局。

一三一 縣衙正堂大院

知縣署理公務的主要場所，是衙署的中心和主體建築物，堂前有月臺。大堂爲五楹廳堂，中間爲三楹公堂，正中屏風上繪有山水朝陽圖，屏前爲臺，上方建暖閣，也稱官閣，閣上方懸有匾額，上書『明鏡高懸』。暖閣下設臺，臺上置案。

一三二　縣衙二堂大院

在大堂背後，自成院落，并同後面的内宅、大仙樓連在一起，其院門稱做宅門。二堂是知縣的日常辦公場所。

一三三　縣衙老院大仙樓

大仙樓位于平遥縣衙署中軸綫建築的終端，建于元至正六年（一三四六年），是平遥縣衙中年代最長的建築物。

一三四　縣衙内甬道

縣衙東側爲花廳（園）、糧廳、贊侯廟、土地祠、風水樓等院落，是清代縣級衙門的必要行政機構。西側有牢獄、督捕廳、公解房、閻王廟、馬王廟等建築，爲清代縣級衙門執法的主要機構。

一三五　縣衙花園

一三六　贊侯廟廟門

一三七　贊侯廟獻亭

一三八 贊侯廟庭院

一三九 城隍廟

城隍神祇早在唐宋時期就被普遍崇奉爲守護城市之神，而且主管陰曹地府的審判事務，明洪武封縣級城隍爺爲顯佑伯。平遥城以南大街爲中軸綫，城隍廟位于上首即南大街東，縣衙署則建在下首，即現處位置，與縣衙對稱設置，是古代『陰陽分司其職』的政治特色和『人神共治』思想的反映。既有封建廟堂配置特色，又具有官署建築風格，其神學意趣和『前殿後寢』的功能分區十分鮮明。

平遥城隍廟創建已久，明嘉靖二十四年（一五一二年）重修，清康熙、乾隆年間修葺補築，咸豐九年（一八五九年）廟會期間毁于火灾。清同治三年（一八六四年）重修。現存城隍廟，是清代規制，廟宇規模宏大，布局規整，是目前全國保存最爲完整的城隍廟之一。整個廟區由城隍廟、財神廟、竈君廟及道院組成。

牌樓是進入城隍廟之前的標志性建築。形制是三間四柱歇山式，匾額正西書『城隍廟』，北面書『威靈百里』，牌樓前有拴馬椿。

一四〇 城隍廟山門

一四一 城隍廟山門

穿過牌樓是山門，面寬五間，進深二間，單檐硬山式，屋頂琉璃剪邊套心。

一四二 城隍廟鐘鼓樓

一四三 城隍廟戲樓

也稱昭閣樓，戲臺爲磚木結構，重檐二層歇山迴廊式，屋頂滿布琉璃瓦，是平遥縣城內結構最精緻、體量最大的戲臺。

一四四 城隍廟戲樓木作

一四五 城隍廟正殿

正殿爲城隍神的公堂。

一四六　城隍廟正殿門廊木作

一四七　城隍廟游廊

每逢廟會期間爲善男信女、攤販、攤點聚集的地方。

一四八　城隍廟内財神廟

坐落于城隍西廟西側，由財神殿、真武樓、獻殿、樂樓及看樓組成，布局緊凑而嚴謹。

一四九　城隍廟內財神廟院

一五〇　城隍廟財神廟戲樓

爲捲棚硬山式前出檐歇山式舞臺，形制特殊，結構巧妙。殿宇之琉璃脊飾、木雕構件精美，八卦式藻井頂，是清代戲臺建築中的杰出範例。

一五一　城隍廟內竈君廟

坐落于城隍廟西側，與道院建成一體。

一五二 城隍廟竈君廟内院

一五三 清虛觀牌樓

位于古城内東大街，創立于唐顯慶二年（六五七年），殿堂完整，建築典雅，規模宏大。

一五四 日升昌票號

『日升昌』是當時全國第一家票號，在中國近代金融史上具有重要意義，它標志著中國近代新型金融業在中國封建社會後期的商業和金融肌體中生成。日升昌的分號遍布全國三十餘個商埠重鎮，遠及歐美、東南亞等地，以『匯通天下』著稱于世。日升昌票號創立後，先後有介休、太谷、祁縣競相效仿。它的誕生與發展，有力地促進了全國金融流通，加速了資本周轉，對當時民族工商業的發展作出了貢獻，掀開了中國金融史的光輝一頁。其建築風格爲傳統合院建築，是家國同構的又一體現。

一五五　日升昌票號舊址堂屋柱廊

一五六　日升昌票號舊址偏院

一五七　百川通票號

爲傳統的四合院布局與風貌。其木飾裝修，彩繪、雕刻等具有地方特色。

一五八　百川通票號舊址堂屋柱廊

一五九　民居

平遙四合院民居爲木構磚瓦式房屋，屬北方漢文化體系，講究木飾彩繪等裝飾。

一六〇　民居

山西新絳縣城

一六一　絳州三樓

新絳古稱絳州，地處山西省西南部。古絳州城創建于隋開皇三年（五八三年），介于汾澮二河之間，雄視三晉。歷經唐、宋、元、明、清等歷史時期。絳州古城的形制不同于一般州城，它雄踞土原，隨勢制勝，塔、樓、堂等建築巧妙利用地形，創造了壯美的天際輪廓綫。

絳州鐘樓、鼓樓、樂樓統稱絳州三樓。三樓依地勢而建，氣勢壯觀。鼓樓雄踞七星坡頂部，坐西向東；樂樓位于七星坡下，坐南朝北；鐘樓建于鼓樓之南，三樓遥相呼應，爲進衙署必經之地，三樓共同營造了一種州署衙門威嚴肅穆的禮樂氛圍。

一六二　絳州大堂

位于城西部高垣古街内。創建于唐代，元代重修，現建築呈現元代風格。面闊七間，進深五間，柱頭五鋪作，懸山頂。建築采用減柱法，前、後檐施大額。絳州大堂是目前山西省僅存的兩處古代衙署大堂之一，現爲國家重點文物保護單位。

一六三　絳守居園池

創建于隋開皇十六年（五九六年），歷經唐、五代、宋、元、明、清，園内地形地貌仍然比較完整，是我國目前保存的惟一的一處隋代園林遺址。現有嘉禾樓、洄漣亭、半亭等建築。

一六四 絳州寶塔

位于州城南北大街最高處，創建于唐初，原爲八層，元代續修五層，清乾隆四十九年（一七八四年）重修。塔呈清代風格，爲樓閣式磚塔，八邊形平面，十三級，高約四十三米。塔各層均有題額，成爲絳州地標。

一六五 鼓樓

建于元至正年間，清康熙五年（一六六六年）、乾隆二十七年（一七六二年）兩次重修。面闊五間，進深四間，周迴廊，歇山頂，重檐三滴水，蓋黃色琉璃瓦。

一六六 鼓樓

一六七　鐘樓

創建年代已不可考。州志載，明弘治元年（一四八八年）、清康熙五年（一六六六年）、光緒十五年（一八八九年）均有修葺。鐘樓爲單檐歇山十字脊，樓身磚砌，四面拱券，建築空透，狀似一亭，內懸鐵鐘一口，係金大定年間鑄造。鐘樓四面嵌有石雕對聯。

一六八　樂樓

創建年代不詳，現存爲明代遺物。坐南向北，是三樓中最低的建築，原爲州署城隍廟之戲樓。建築位于一·六米高的臺基之上，面闊五間，進深三間，明間中部凸起，重檐歇山頂。設樓板兩層，可同時演戲。

一六九　樂樓

一七〇 文廟大成殿

位于縣城東北隅，面闊七間，周迴廊，重檐歇山頂，屋面琉璃瓦拼鑲成菱形圖案。現存文廟除大成殿外，尚有欞星門、泮池、影壁等。

陝西榆林城

一七一 城墻

榆林城建于駝峰山上，又稱『駝城』，爲明代延綏鎮之軍事、政治、交通中心和長城要塞。榆林城墻初爲夯築城垣，嘉靖、隆慶、萬曆時相繼摶磚，形成今日外觀。城平面呈不規則矩形，南北長近三公里，東西寬逾一公里，地形走勢爲東高西低。現除南墻西段多處毀圮外，其餘基本完好，設馬面，建有護城河，今廢。城四周闢城門五座：東、南、北三面各一；西面有二，稱前、後西門（今已不存）；東、南門另設瓮城，城樓均已毀闕。

一七二 東城門

一七三　南門瓮城

一七四　榆林城東南角樓遺址

一七五　城墻排水口

一七六 榆林城新明樓

原稱『明樓』，建于明正德年間。清嘉慶二十四年（一八一九年）、光緒元年（一八七九年）相繼修葺。光緒元年修竣後改名新明樓，爲三層木構樓閣。平面呈方形。底層和二層面闊、進深均爲三間，三層收爲一間。十字歇山頂。底層周圍廊，因跨街，故明間特寬，以做通道，將柱立于四隅磚臺上。柱網圍成三圈：分内圈、中圈、外圈廊柱。往上各層腰檐設平座欄杆，外觀逐層收減高寬，柱子均有明顯『側脚』、『生起』。檐下柱頭科皆爲七踩三昂斗栱，明間平身科爲如意斗栱一攢。樓頂兩山博縫板飾魚，十字脊獸作四龍盤于脊端，仰頭成對望狀。樓體造型别致，彩畫精美，結構簡明、輕巧。

一七七 榆林城萬佛樓

始建于康熙二十七年（一六八八年），爲一座過街樓臺式佛寺。臺座呈矩形，内夯土，外搏磚，闢十字券洞與街道相通，東側設石階可登臺面。臺上主體建築爲觀音殿，高二層，每層三間，四周迴廊，重檐歇山頂，矗立臺中央，將臺面分成南北二院。整組建築規模、用材均較小。大木爲小林柱梁作，不施斗栱，均加叉手與蜀柱并用，在有限的臺面上，展示出一組完整的建築布局。在群體造型上主次分明，輪廓豐富，構成榆林城的街景特色。

一七八 榆林城南凌霄塔

八角十三層閣式磚塔，又稱榆陽寺塔。寺毀于清同治年間，塔建于明萬曆年間，曾發揮過料敵作用。石砌塔基，琉璃塔頂，刹已毀。塔身底層每面横額依次嵌『八卦』石區，以上每層闢四個劵洞，自下而上逐層相錯。層間疊澀出檐甚短，一至五層檐下施磚雕斗栱，各層檐角繫挂風鈴。塔內中空，原設木梯登臨塔頂俯瞰全城，現已毀。

一七九 榆林鎮北臺

係大邊長城的防禦工程，明萬曆三十五年（一六〇七年）爲延綏鎮巡撫涂宗睿修建。位于紅山上，方形四層磚臺，底層周長三二〇米，通高一九·七米，層臺逐級内收，各臺間設有階臺，邊設磚欄。臺頂原有建築一座，今已不存。二層臺南側劵門門額嵌塗『向明』石匾。

一八〇 榆林明長城遺址

墻體黄土夯築，殘存于地面的墻段高二至三米，位于毛烏素沙漠内，墻體多被沙漠掩埋，地表呈現出斷續隆起的沙龍。城墩以條石爲基礎，夯築方形，外摶大青磚，是利用秦昭王長城修葺，今多已毀圮。在大邊、二邊一綫和兩邊之間，現存許多堡寨等故城址，是當時長城沿綫的屯兵和貿易之地。大邊內外，烽火臺數座。兩邊長城沿綫或之間的各營、堡、烽、堠，多建于明代前期，清朝亦屢經增修、修葺，形成綫狀的大邊、二邊長城與點狀的營、堡、烽、堠共同構成的軍事防禦體系。

一八一 明長城遺址神木段

墻體黄土夯築，墻體外側由于風沙侵蝕，大多形成坡狀，内側一般保存較好。全綫遺存城墩三〇〇餘座。

陝西户縣縣城

一八二 户縣鐘樓

原名文昌閣，又稱大觀樓。始建于明崇禎八年（一六三五年），清康熙二十年（一六八一年）、乾隆十年（一七四五年）重修。爲高臺樓閣式建築，臺座呈方形，外搏青磚，四面正中闢磚券門洞，門額各嵌石匾一方，東『迎旭』，南『覽勝』，西『瞻紫』，北『拱極』。樓爲方形二層，面闊、進深各三間，周圍廊，重檐三滴水攢尖頂，一層施兩道順扒梁，二層用通柱。上、下檐均施三踩單昂半栱，中檐爲麻葉頭。各層明間設四扇門，次間兩扇。

陜西韓城

一八三 韓城文廟

韓城文廟始建于元代，明洪武四年（一三七一年）重修，天順、成化、萬曆和清康熙、乾隆、道光年間多次重葺、修繕。占地面積約九一〇〇平方米，坐北朝南，廟院四進。中軸綫自南而北依次爲琉璃五龍壁、欞星門、泮池、石橋、戟門、大成殿、明倫堂、尊經閣；兩側有東西兩廡、碑廳、碑廊及廂房等建築。另存明清『重修學宫碑』、『重修廟學碑』、『重修儒學碑』、『重修文廟碑』等碑刻。

文廟内之欞星門，四柱三間三樓式木牌樓。建于明萬曆年間。懸山琉璃瓦頂，用衝天柱，柱頂飾琉璃毗盧帽，斗栱爲十一踩重栱五下昂。明間北面懸『文廟』匾額一方。

一八四 文廟石橋

一八五 文廟大成殿

大成殿于元代始建，明、清經修葺。甃磚臺基，平面呈『凸』字形，占地面積約四六〇平方米。殿身面闊五間，進深三間，帶前廊，單檐歇山頂，覆灰陶筒瓦，施琉璃脊，有吻獸。檐柱上施『大額』，殿内用明栿草架，當心間後排兩根金柱做移柱，仍保留元代建築手法。外檐斗栱爲六鋪作重栱出單抄雙下昂，計心造。山墻收分很大。殿内當心間懸康熙御書『萬世師表』横匾。

一八六 文廟大成殿龍檻

聚奎書院

一八七 文廟五龍壁

一八八 文廟五龍壁細部

一八九　韓城古街景

一九〇　魏長城遺址

于城南十二公里原上，是長約二十公里，高五米、厚八米的夯土建築遺址，建于戰國時代，距今約二二〇〇年。魏長城遺址（韓城段）地面現存明顯的夯築墻體兩段，總長約八公里，殘高〇・八至十五米，基寬二至十一米，夯層一般厚一〇厘米左右。全綫遺存較高的城墩數座，當地俗稱『烽火臺』。據《史記・魏世家》，魏惠王十九年（前三五二年）『築長城，塞固陽』，即此。

陝西合陽縣城

一九一　合陽文廟

始建于北宋元祐八年（一〇九三年），元末毀圮，明洪武二年（一三六九年）重建，正德、嘉靖、隆慶、萬曆年間多次擴建、重建。占地面積約七五〇〇平方米，坐北朝南。原欞星門、戟門及東西兩廡已不存，其他建築尚完好。中軸綫自南而北依次爲大成殿、明倫堂、尊經閣；兩側有東西廟房各十七間、廊廡各五間。有明代廟碑數通。

一九二　合陽文廟藏經閣

一九三　合陽文廟外觀

陝西澄城縣城

一九四　澄城縣樂樓

澄城縣樂樓係明代建築，位于縣城西街。始建于唐貞元十三年（七九七年）。樂樓係廟前樓闕，又稱神樓。原有兩座，明嘉靖年傾頹其一，萬曆十年（一五八二年）增修爲三座，清代補修。三樓并列，坐北朝南，中樓高大，兩側樓加翼，布局嚴謹，主次分明。中樓爲二層三滴水歇山頂，四角挂鈴，樓身面闊、進深各三間。底層周圍廊，上層挑出平座欄杆。外檐斗栱布置有序。兩側樓大小、形制相同，爲方形重檐歇山十字脊，樓身面闊、進深各一間。底層周圍廊。三座樓頂均覆綠色琉璃瓦，脊飾造型生動。

一九五 澄城樂樓

一九六 澄城樂樓側樓頂部

一九七 澄城樂樓局部

一九八 澄城老街一隅

陝西蒲城縣城

一九九 蒲城文廟

蒲城文廟大成殿始建于唐貞觀年間，宋、元、明、清歷經修葺。占地面積約六〇〇〇平方米，坐北朝南，廟院三進。中軸綫自南而北依次爲六龍壁（萬仞宮墻）、欞星門、泮池、戟門、大成殿、明倫堂；兩側有東、西廡各十二間，兩廂『掌酒司』、『典庫司』各五間。戟門、大成殿和東、西廡爲明正德七年（一五一二年）重建，其餘建築均建于萬曆四十六年（一六一八年）。

大成殿係明代所建，面闊五間，進深三間，四周迴廊。一九七六年毀于火災，近年維修，保存尚好。

二〇〇 蒲城文廟拴馬樁

二〇一　蒲城文廟琉璃浮雕照壁

明代所建琉璃『六龍壁』，面寬十餘米。高約五米；兩旁各立一座石坊門，與琉璃壁銜接一體，爲一雕製精美、具有相當藝術價值的影壁、石坊組合建築。

二〇二　蒲城文廟琉璃浮雕照壁雕飾

二〇三　蒲城文廟琉璃浮雕照壁雕飾

陝西三原縣城

二〇四　三原縣城隍廟

位于陝西省三原縣城東渠街。創建于明洪武八年（一三七五年）。建築形式嚴謹，雕琢精細。廟門前有磚雕照壁和重約兩萬餘斤的一對盤龍鐵幡杆。廟門爲重檐歇山頂，小木作工藝精巧。入門樓後，中間以石板條鋪路，東西有廊，經數道牌樓，達于戲樓，廟院中央爲大殿，面闊五間，進深四間，單檐歇山頂，其前檐用『勾連搭』與拜殿相連。大殿東西兩側對稱布置鐘鼓樓和廂房。殿前高臺石欄，欄下有石獅，東有石碑，西有香爐。大殿之後有明禋亭和寢殿。自明初創建後，又經成化二十一年（一四八六年）及其後多次修葺。

二〇五　城隍廟照壁

影壁爲水磨磚砌，高約九米，正中磚雕『鯉魚跳龍門』，四角飾龍、鳳圖案。

二〇六　城隍廟内院落

二〇七 三原城隍廟木牌樓

木牌樓建于明洪武八年（一三七五年），位于廟門前，四柱三間三樓，單檐歇山頂，面闊一〇·五米，進深四·六二米。通高約九米。覆琉璃瓦，有吻獸。明樓檐下飾寶相花，額題『陡降在兹』四字；次樓檐下施如意斗栱及蘇式彩畫。

二〇八 三原城隍廟牌樓斗栱

二〇九 三原城隍廟鐘樓

鐘、鼓樓重檐歇山十字脊，造型挺秀，脊飾華美，斗栱疏朗。

二一〇 三原城隍廟鼓樓

甘肅天水

二一一 天水紀信祠

天水紀信祠，是紀念公元前二〇四年楚漢相爭中替劉邦出滎陽城而死的紀信，所以又稱『漢忠烈紀信將軍祠』。牌坊爲明代所建，題字『漢忠烈紀信將軍祠』爲于右任先生親書。

二一二 天水紀信祠牌坊斗栱

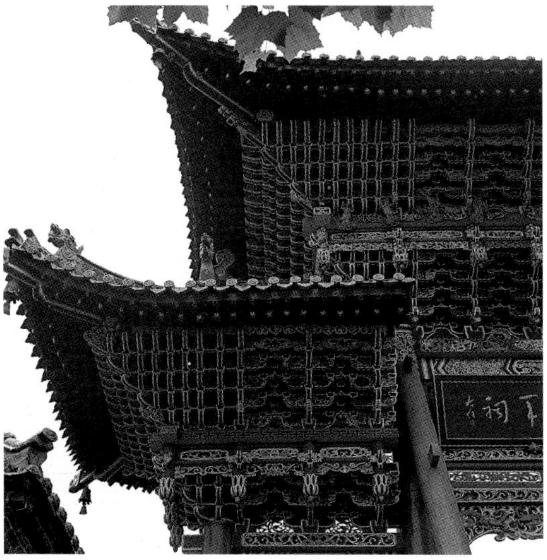

二一三 天水伏羲廟先天殿

天水伏羲廟，是祭祀伏羲誕生于天水的場所。始建于明成化十九年（一四八七年），廟堂爲一座兩進三門的建築群，由牌坊、大門、儀門、先天殿、太極殿及朝房等組成。

先天殿，又稱正殿，是祭祀人文始祖伏羲的主殿。建于明成化十九年（一四八七年），面闊七間，計二六．六米，進深五間，一四．〇五米。重檐歇山頂，襯以龍吻脊，雕花天穹，高大雄偉，氣度非凡，是仿明皇宮建築，又配以精美的盤龍、團鳳、仙鶴、麋鹿等吉祥圖案的木刻，是古城天水市的代表性的古建築。

二一四 先天殿

二一五 伏羲廟牌樓

伏羲廟牌樓，建于明嘉靖二年（一五二三年），單檐歇山頂，覆琉璃瓦，木作精巧，有吻獸，爲天水衆多牌坊中的代表。

二一六　伏羲廟牌樓細部

二一七　龍鳳呈祥木雕

龍鳳呈祥圖案是明代木雕，極爲精美，不可多得。

二一八　龍鳳呈祥木雕

中國美術分類全集

中國建築藝術全集

第4卷 古代城鎮

圖書在版編目(CIP)數據

中國建築藝術全集(4)古代城鎮/湯道烈 任雲英主編.
—北京：中國建築工業出版社,2003
(中國美術分類全集)
ISBN 7-112-04789-7
I.中… II.湯…任… III.①建築藝術–中國–圖集
②城鎮–建築藝術–中國–古代–圖集 IV.TU–881.2
中國版本圖書館CIP數據核字(2001)第068236號

中國建築藝術全集編輯委員會 編

本卷主編 湯道烈 任雲英

出版者 中國建築工業出版社
（北京百萬莊）

責任編輯 郭洪蘭
總體設計 雲鶴
本卷設計 萬力
印製總監 楊一貴
製版者 北京利豐雅高長城印刷有限公司
印刷者 利豐雅高印刷（深圳）有限公司
發行者 中國建築工業出版社
二〇〇三年一月 第一版 第一次印刷
書號 ISBN 7-112-04789-7/TU·4270(9035)
國內版定价 三五〇圓